Newton

超効率 30分間の教養講座
図だけでわかる！

統計と確率

目次

1章
図を見ればよくわかる！確率のきほん

予想とずれが出る？
身近な現象の確率 …………………… 4

サイコロで考える
確率の基本的な求め方 …………… 6

事象と事象の関係は
図であらわすとわかりやすい …… 8

図で見れば歴然！
回数を重ねるほど**かたよりは減る** …… 10

どれくらい**"期待"できる**かは
計算することができる …………… 12

実物のカプセルトイは
だれかが必ず当たる！ …………… 14

ゲームのスマホガチャは
必ず当たるとはかぎらない ……… 16

あるものの並べ方の総数が
「順列」 ……………………………… 18

あるものの選び出し方が
「組み合わせ」 ………………………… 20

順列と組み合わせのちがいを
図でくらべてみよう ……………… 22

「全額返金」も**「一律還元」**も
図であらわすと同じ ……………… 24

Q&A
「ツキ」は存在するのだろうか？ など
……………………………………………… 26

2章
複雑な現象の確率も，図で整理して考えよう

図を使いながら整理すれば，
確率論はむずかしくない① …… 28

図を使いながら整理すれば，
確率論はむずかしくない② …… 30

余事象を計算するほうが
簡単な場合がある ………………… 32

条件によって
確率が変わることがある ……… 34

確率とは**関係なさそうな条件**でも，
結果は変わってしまう …………… 36

「モンティ・ホール問題」も
図ならよくわかる ………………… 38

「99％正しい検査で陽性」を
図であらわしてみよう …………… 40

紅茶に入れたミルクが
勝手に広がるわけ ……………… 42

Q&A
同じクラスの中に，誕生日が同じペアが
いるのはめずらしい？ など ……… 44

3章
図を見ればよくわかる！統計のきほん

図で見破る
「平均値のトリック」 ……… 46

データで注目すべきは
「ばらつき」 ……… 48

同じ平均点でも，
図であらわすと大きくちがう ……… 50

平均点の取り方次第で，
真逆の結論が出る ……… 52

「正規分布」は自然界や社会で
よくみられる"形" ……… 54

グラフにあらわせば，
パン屋の不正もすぐ見抜ける！ ……… 56

生命保険は統計と確率で
成り立っている ……… 58

10年保障の保険料の決め方も，
図ならよくわかる ……… 60

相関関係をグラフにすれば，
大まかな傾向が読み取れる ……… 62

意外とだまされやすい！
「疑似相関」の落とし穴 ……… 64

相関分析は
データのしぼり方に要注意 ……… 66

Q&A
投資のリスクを標準偏差ではかることが
できる？　など ……… 68

4章
グラフや図を活用して，統計データに強くなろう

品質をささえる
「標本調査」のしくみ ……… 70

世論調査は回答者の
"ランダム性"が重要になる ……… 72

誤差を知れば，
データの信頼度がみえてくる ……… 74

図で見ればよくわかる，
開票速報のしくみ ……… 76

未成年の飲酒率を
正直に答えさせるしかけ ……… 78

寄付金アップを実現した
統計的な戦略とは ……… 80

データが少なくても
真偽を判断できる「t検定」 ……… 82

数字をみるだけで不正を見破る
「ベンフォードの法則」 ……… 84

データにかくされた情報を
ほりおこせ！ ……… 86

「結果」から「原因」にさかのぼる
「ベイズの定理」 ……… 88

ベイズの定理を使って，
確率を更新していくことができる！ … 90

Q&A
迷惑メールを見なくてすむのは，ベイズ
統計のおかげ？　など ……… 92

1 図を見ればよくわかる！ 確率のきほん

予想とずれが出る？身近な現象の確率

STEP 1

世の中は偶然に支配された出来事にあふれている。しかし，数学的な計算や分析を行うことで，「どれくらいの確からしさでおきるか」ということを数値であらわすことができる。それが「確率」である。クリスマスに友達みんなでプレゼント交換をした際，だれかが自分の持ってきたプレゼントを当ててしまった，という経験はないだろうか。めずらしいこともあるものだ，と思うかもしれないが，実は意外にも成功[※1]する確率のほうが低い。くわしい計算方法は省略するが，5人でプレゼント交換をした場合，成功する確率は約37％になる。不思議なことに，人数がふえてもこの確率はほぼ変わらないのだ。

※1：ここでは，だれにも自分のプレゼントがもどってこない状態をさす。

1 図を見ればよくわかる！ 確率のきほん

STEP 2

トランプのポーカーにおいて，ロイヤルストレートフラッシュは最高の役である。同じマークで，10，J，Q，K，Aがそろえばできる。最初に配られた5枚のトランプでこの役ができる確率は，なんと約0.000154％しかない。ちょっと遊んだくらいではまずおこらないような，まれな出来事だといえるのだ。

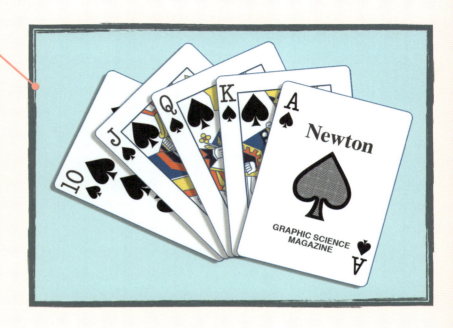

STEP 3

では，地球の近くを公転している直径1.3キロメートルの小惑星が地球に衝突する確率はどれくらいだろうか。NASAのジェット推進研究所（JPL）が発表している，小惑星1950DAの衝突確率は0.038％である[※2]。ロイヤルストレートフラッシュのほうが小惑星の衝突よりもはるかに発生確率が低いということになる。このように，理論上の確率は，ときに予想と大きくことなることもあるのだ。

※2：ただし，今後の軌道解析で確率が変わる可能性がある。この数値は，2024年4月24日に計算されたものである。
https://cneos.jpl.nasa.gov/sentry/

1 図を見ればよくわかる！ 確率のきほん

サイコロで考える 確率の基本的な求め方

STEP 1

ここに1個のサイコロがある。このサイコロを1回投げると，必ず1～6の目の中のどれかが出る。1,2のような，可能な個々の結果を「標本点」といい，その全体の集合を「標本空間」とよぶ。標本空間は普通，「Ω」の記号であらわされる。1個のサイコロを1回投げる場合では，$\Omega = \{1, 2, 3, 4, 5, 6\}$ となる。

1 図を見ればよくわかる！確率のきほん

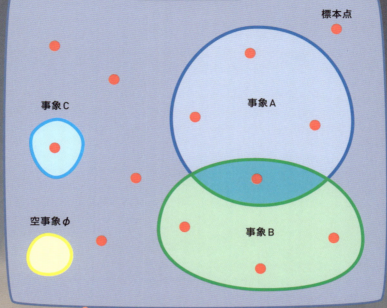

STEP 2

確率論では、おこりうることがらを「事象」とよぶ。1個のサイコロを1回投げるだけでも、「奇数の目が出ること」「1または3の目が出ること」など、さまざまな事象が考えられる。つまり、事象とは標本空間の中の一部（部分集合）を選び出したもののことだといえるのだ。また、「7の目が出る」のように決しておきない事象は「空事象」、「1から6のどれかの目が出る」のように、標本空間と一致する事象は「全事象」とよばれる。

STEP 3

事象Aの確率

$$P(A) = \frac{事象Aの標本点の個数}{全事象の標本点の個数}$$

ある事象Aのおきる確率は、P(A)と書かれ、0～1の値をとる。事象Aのおきる確率P(A)は、左のような式で定義することができる。たとえば事象Aを「1個のサイコロを1回投げて奇数が出る」としたとき、事象A＝{1, 3, 5}なので、標本点の個数は3である。全事象の標本点の個数は6なので、 $P(A) = \frac{3}{6} = \frac{1}{2}$ となる。

注：サイコロの目にかたよりがないことが前提となる（ほかのページも同様）。

1 図を見ればよくわかる！ 確率のきほん

事象と事象の関係は図であらわすとわかりやすい

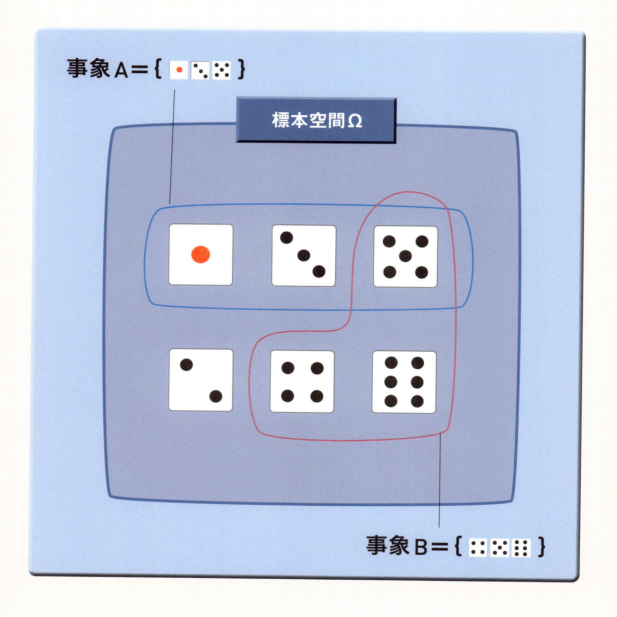

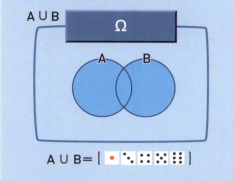

STEP 1

ここでは，事象どうしの関係について考えていこう。たとえば，1個のサイコロを1回投げたとき，Aを「奇数の目が出る事象」とすると，A＝{1, 3, 5}，Bを「4以上の目が出る事象」とすると，B＝{4, 5, 6}となる。このとき，「事象Aと事象Bのうち，少なくとも一つがおきる」という事象を，事象Aと事象Bの「和事象」といい，「A∪B」とあらわす。A∪B＝{1, 3, 4, 5, 6}である（8ページの青い線か赤い線で囲まれた部分）。

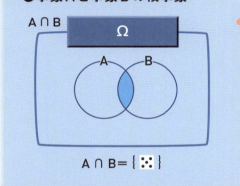

STEP 2

一方，「ある事象Aと事象Bが同時におきる」という事象を，事象Aと事象Bの「積事象」といい，「A∩B」とあらわす。この例の場合，あてはまるのは5の目が出たときだけである（8ページの青い線と赤い線の両方で囲まれた部分）。つまり，A∩B＝{5}だ。

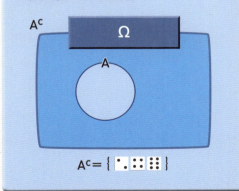

STEP 3

「事象Aがおきない」という事象を，Aの「余事象」といい，「$\overline{A}$」または「A^c」とあらわす。この例の場合，A^c＝{2, 4, 6}となる。つまり，「偶数の目が出る事象」（8ページの青い線で囲まれていない部分）でもある。1個のサイコロを1回投げるような単純な例では一見まわりくどい説明に思えるが，より複雑なことがらがおきる確率を考えるときには，この事象という考えを活用する必要がある。

1 図を見ればよくわかる！ 確率のきほん

注：それぞれの濃い水色の部分が，事象の領域をあらわす。

1 図を見ればよくわかる！ 確率のきほん

図で見れば歴然！
回数を重ねるほどかたよりは減る

STEP 1

サイコロのそれぞれの目が出る確率は$\frac{1}{6}$だが，6個振ればすべての目が出そろうということはめったにない。かたよりがあるため，どれかの目が重複する場合が多くなるのは感覚的にも納得できるだろう。たとえば20個のサイコロを振った場合，このように出る目にばらつきが生じるのだ。

サイコロを20個振った結果

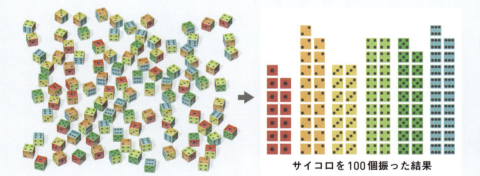

サイコロを100個振った結果

STEP 2

では，サイコロを100個振ってみたらどうだろうか。20個振った場合とくらべて，出た目のかたよりが減った感じがしないだろうか。何度もサイコロを振っていくうちに，それぞれの目の割合は徐々に$\frac{1}{6}$に近づいていくといえるのだ。これが「大数の法則」である。

STEP 3

大数の法則では，試行回数がふえるほど，確率計算で求められる値に近づいていく。サイコロを1000個振った結果をみると，よりそれを実感できるだろう。「ギャンブルはやればやるほど損をする」とよくいわれるが，これも「大数の法則」にもとづいている。ギャンブルは基本的に胴元が有利になるよう設定されているので，参加者が多くなる（回数がふえる）ほど大数の法則にしたがっていき，胴元が損をする確率は下がっていくのである。

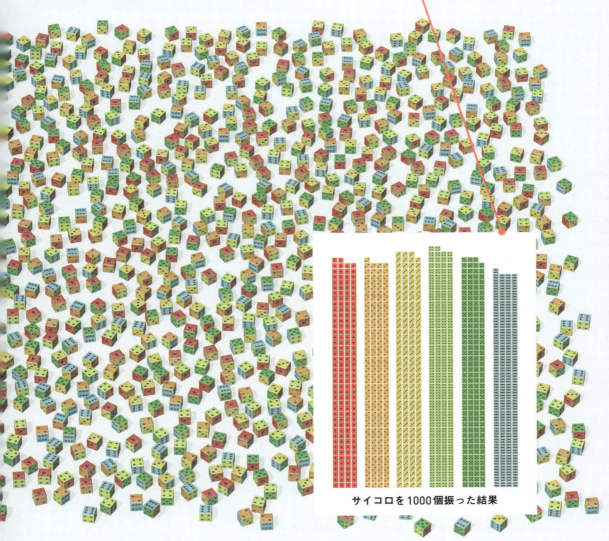

サイコロを1000個振った結果

1 図を見ればよくわかる！ 確率のきほん

1 図を見ればよくわかる！ 確率のきほん

どれくらい"期待"できるかは計算することができる

ゲーム1

カードの得点　確率

$1 \times \dfrac{1}{13}$　$2 \times \dfrac{1}{13}$　$3 \times \dfrac{1}{13}$　$4 \times \dfrac{1}{13}$　$5 \times \dfrac{1}{13}$　$6 \times \dfrac{1}{13}$

$\dfrac{1}{13} + \dfrac{2}{13} + \dfrac{3}{13} + \dfrac{4}{13} + \dfrac{5}{13} + \dfrac{6}{13} +$

STEP 2

次に，もう少しゲームのルールを複雑にしてみよう。ゲーム2のルールは，「13枚のダイヤのカードのほかに，ハート，スペード，クラブの1も加えた合計16枚のトランプがあるとする。1が出れば15点，2～9は数字どおりの得点，10～13は10点がもらえるとする」というものだ。この場合，ゲームの期待値は何点になるだろうか。条件が複雑になったとしても，期待値の考え方はSTEP1と同じだ。計算すると期待値は9点だとわかる。このように期待値は，予測不能な出来事に対する損得を考える際に役立つ情報だといえる。

ゲーム2

カードの得点　確率

$15 \times \dfrac{4}{16}$　$2 \times \dfrac{1}{16}$　$3 \times \dfrac{1}{16}$　$4 \times \dfrac{1}{16}$

$\dfrac{60}{16} + \dfrac{2}{16} + \dfrac{3}{16} + \dfrac{4}{16} +$

1 図を見ればよくわかる！ 確率のきほん

STEP 1

あるゲームを考えよう。ゲーム1のルールは，「1～13のダイヤのトランプの中から1枚を無作為に選び，そのカードの数字が得点になる」というものだ。このゲームで得られる得点は，何点だと予想できるだろうか。実際に何のカードが出るかは，やってみないとわからない。それでも確率を利用すれば，得点の見積もりを得ることができる。この図のように，（あるカードの得点）×（そのカードを引く確率）をすべてのカードに対して行い，足し合わせればよいのだ。これが「期待値」である。ゲームを何回もくりかえせば，平均点は期待値である7点に近づいていく。

1 図を見ればよくわかる！ 確率のきほん

実物のカプセルトイはだれかが必ず当たる！

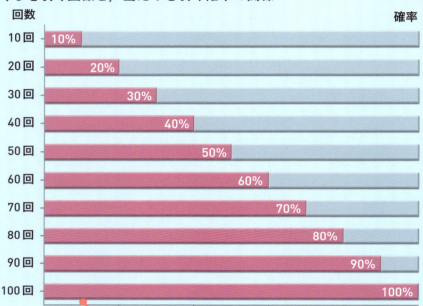

くじを引く回数と，当たりを引く確率の関係

回数	確率
10回	10%
20回	20%
30回	30%
40回	40%
50回	50%
60回	60%
70回	70%
80回	80%
90回	90%
100回	100%

STEP 3

ここで重要なポイントは，一度引いたカプセルトイは，販売機の中にはもどさないということだ。このグラフを見れば明らかなように，引く回数が10回ふえるごとに，当たりを引く確率も10％ずつふえていく。つまり，100回引けば，だれかが必ず当たりを引くのである。あるいは100回分買い占めれば，あなたが必ず当たるともいえる。ただし，それで得をするかどうかは，当たりの中身次第だ。

STEP 1

この販売機の中には100個のカプセルトイが入っており，"当たり"はその中のたった1個だけだ。これを100人が1回ずつ引いていくとき，あなたは何番目に挑戦をしたいだろうか。だれかが当たりを引けば，後ははずれが残るので先のほうがよい？　それとも後から引くほどはずれの数が少なくなるので，後のほうがよい？

実は，当たりを引く確率は，何番目に引こうが同じ1％だ。これは「くじ引きの原理」とよばれている。まず，1人目が当たりを引く確率は，
$\frac{1}{100} = 1\%$
である。

次に，2人目が当たりを引く確率は，1人目が100個中99個のはずれを引き，2人目が99個中1個の当たりを引くことになるので，
$\frac{99}{100} \times \frac{1}{99} = \frac{1}{100} = 1\%$
である。

同様に3人目が当たりを引く確率を計算すると，
$\frac{99}{100} \times \frac{98}{99} \times \frac{1}{98} = \frac{1}{100} = 1\%$
と同じになる。4人目，5人目と計算をしても値は同じだ。

1 図を見ればよくわかる！確率のきほん

1 図を見ればよくわかる！ 確率のきほん

ゲームのスマホガチャは必ず当たるとはかぎらない

STEP 1

スマートフォンのゲームには，通称「スマホガチャ」とよばれるくじがある。たとえばレアなアイテムを引き当てる確率が1％だったとする。あなただったら何回引くだろうか。カプセルトイと同様に，100回引けばさすがにレアなアイテムが当たるだろう，なんて考えたりはしないだろうか？

ありふれた確率で当たるアイテム

出現確率1％のレアなアイテム

STEP 2

実は，スマホガチャとカプセルトイでは，確率が大きくことなる。スマホガチャの場合はくじを引いてもくじの総数が減るわけではなく，何回引いても当たる確率は変わらないからだ。このスマホガチャを1回引いてはずれる確率は $\frac{99}{100}$ である。100回引いて100回すべてはずれる確率は $\left(\frac{99}{100}\right)^{100} ≒ 0.366$ である。つまり約36.6％の人は，100回スマホガチャを引いたとしても，レアなアイテムを手に入れることはできないのである。

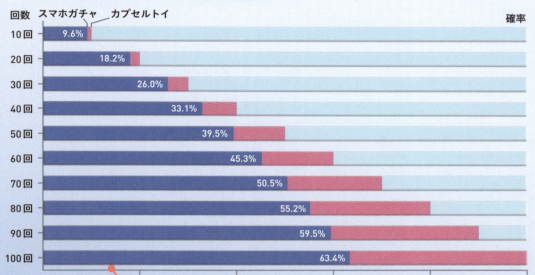

くじを引く回数と当たりを引く確率の関係

回数	スマホガチャ	カプセルトイ	確率
10回	9.6%		
20回	18.2%		
30回	26.0%		
40回	33.1%		
50回	39.5%		
60回	45.3%		
70回	50.5%		
80回	55.2%		
90回	59.5%		
100回	63.4%		

STEP 3

では，100回のうち，少なくとも1回は当たる確率はどのくらいだろうか。1回目で当たりを引く確率，2回目で当たりを引く確率，1回目と2回目の両方で当たりを引く確率……と考えていくと，計算量が膨大になる。このときに役立つのが「余事象（9ページ）」だ。余事象の確率は，全体の確率1からある事象Aがおきる確率を引くことで求められる。したがって，求める確率は，1－0.366＝0.634となる。上のグラフは，14ページのカプセルトイで当たりを引く確率（ピンク）と，このスマホガチャで当たりを引く確率（青）をあらわしたものだ。そのちがいを実感できるのではないだろうか。

1 図を見ればよくわかる！確率のきほん

1 図を見ればよくわかる！ 確率のきほん

あるものの並べ方の総数が「順列」

STEP 1

ある野球チームの監督が，レギュラーメンバー9人の打順をどうするか悩んでいた。ひとまず監督はすべての打順を試してみて，いちばん結果がよかった打順で固定しようと考えた。1日1試合行うとすると，すべての打順を試すには，何日かかるだろうか？

1試合目

STEP 2

答えはなんと，36万2880日。約994年もかかってしまうのだ。まず1番バッターの候補が9通り，次に2番の候補が残りの8通り，3番の候補が残りの7通り……と考えていく。つまり，9×8×7×6×5×4×3×2×1＝36万2880通りもあるのだ。ちなみに，12人のメンバーの中から9人の打順を考える場合は，12×11×10×9×8×7×6×5×4＝7983万3600通りになる。

1 図を見ればよくわかる！ 確率のきほん

2試合目　3試合目　4試合目　5試合目　6試合目　7試合目　…

順列の計算式

$$_n\mathrm{P}_r = \underbrace{n(n-1)(n-2)\cdots(n-r+1)}_{r \text{個}}$$

$$= \frac{n!}{(n-r)!}$$

STEP 3

このように，n個の中からr個を順番に選び出した場合の並べ方の総数を「順列」といい，$_n\mathrm{P}_r$という記号であらわす。その計算式は上のようになる。9人の中から9人を選んで並べる場合は，nとrに9をあてはめて計算すると，36万2880となる。「！」は階乗をあらわす記号で，たとえば5!＝5×4×3×2×1という意味である。ただし，0!は0ではなく，1と定義されている。

1 図を見ればよくわかる！ 確率のきほん

あるものの選び出し方が 「組み合わせ」

1試合目

STEP 1

前ページの野球チームの監督は，全選手の打順をすべて試すのはあきらめたものの，まだ悩みが残っていた。打線の軸となる3番，4番，5番のクリーンナップをだれにするか，というものだ。順番はさておき，レギュラーメンバー9人の中からとくに長打がつながりやすい3人を選び出したい。1日1試合行うとすると，すべての組み合わせを試すには，何日かかるだろうか？

BATTING ORDER
BASEBALL TEAM

1	日村	
2	月岡	
3	火野	CF
4	水島	1B
5	木下	C
6	金森	
7	土屋	RF
8	天本	2B
9	海部	

STEP 2

答えは，意外にも84日である。まず1人目の候補が9通り，次に2人目の候補が残りの8通り，3人目の候補が残りの7通りとなるので，9×8×7＝504通りの選び方がある。しかし，今回の場合，「火野・水島・木下」も「木下・水島・火野」も「水島・木下・火野」も同じ組み合わせになる。重複している組み合わせがあることを考慮すると，84通りになるのだ。ちなみに，12人のメンバーの中から3人の組み合わせを考える場合は，220通りになる。

1 図を見ればよくわかる！ 確率のきほん

2試合目　　3試合目　　4試合目　　5試合目　　6試合目　　7試合目　…

組み合わせの計算式

$$_n\mathrm{C}_r = \frac{_n\mathrm{P}_r}{r!} = \frac{n!}{r!\,(n-r)!}$$

STEP 3

このように，n個の中からr個を選び出した場合のパターンの総数を「組み合わせ」といい，$_n\mathrm{C}_r$という記号であらわす。重要なのは順列とことなり，順番は関係ないということだ。その計算式はこのようになる。9人の中から9人を選んで組み合わせる場合，nとrに9をあてはめて計算すると，当然ながら1となる。

1　図を見ればよくわかる！　確率のきほん

順列と組み合わせのちがいを図でくらべてみよう

三つの目の組み合わせ

三つのサイコロを区別すると…

STEP 2

まず，合計が9となる場合をみてみよう。サイコロの目が「1，2，6」の組み合わせの場合，（1，2，6）（1，6，2）（2，1，6）（2，6，1）（6，1，2）（6，2，1）の6パターンがある。一方，「3，3，3」という組み合わせは1通りのパターンしかないのがわかる。合計が9となるのは全部で25通りある。

1 図を見ればよくわかる！確率のきほん

STEP 1

確率を計算するときには，順列と組み合わせの総数を正しく求めることがとても重要になる。三つのサイコロを振って出た目の合計を予想する場合で考えてみよう。合計が9になる組み合わせは，左のように6通りある。一方，合計が10になる組み合わせも右のように6通りある。それならば，合計が9になる確率と10になる確率は同じになるといえそうだ。しかし，これはまちがいである。

三つの目の組み合わせ

三つのサイコロを区別すると…

STEP 3

次に，合計が10となる場合をみてみよう。合計が9の場合と同じように考えると，合計が10となるのは27通りある。つまり，合計が10のほうが出やすいのである。このゲームの場合は三つのサイコロを区別し，組み合わせではなく，順列として考える必要があったのだ。

1 図を見ればよくわかる！ 確率のきほん
「全額返金」も「一律還元」も図であらわすと同じ

STEP 1

ここ数年でスマホ決済は支払い方法の一つとして定着し，多くの人が利用している。スマホ決済が一気に普及したキャンペーンの一つに，「全額返金」というものがあった。期間中にスマホ決済を利用すれば，一定の確率で，購入額の全額を返金するというものだ。本当に返金された人がいるのだろうかなど，懐疑的にみていた人もいるかもしれない。実はこのキャンペーンにはからくりがあるのだ。

少数の当選者

1 図を見ればよくわかる！確率のきほん

STEP 3

参加者の買い物の回数やその金額には凹凸があるため，その返金額にもちがいが生じる。そのため，参加者によってはインパクトの強いキャンペーンに感じるだろう。一方で，キャンペーンを実施する企業にとっては，多数の参加者が多数の買い物を行っているから，個々の凸凹はならされることになる。買い物の回数がふえればふえるほど，大数の法則により，企業側が支払うコストは期待値に非常に近くなっていく。つまり，「一律で全品5％還元」の場合のコストと，ほぼ変わらないということになるのだ。

全員への一律還元
→集めると，5人分になる

STEP 2

ここでは「20回に1回全額返金」という条件で考えてみよう※。100人が5万円の買い物をした場合，その中の運がよい5人は5万円が全額返ってくることになる。参加者が得られる期待値を計算すると，「5万円 × $\frac{1}{20}$ ＋ 0円 × $\frac{19}{20}$ ＝ 2500円」となる。一方，よくある「一律で全品5％還元」を受けられるという条件ではどうだろうか。100人が5万円の買い物をした場合，全員がその5％の金額を還元されることになる。その金額（期待値）は「5万円 × $\frac{5}{100}$ × 1 ＝ 2500円」だ。つまり「20回に1回全額返金」と同じ期待値になるのである。

※：実際には返金額に上限があったりと，キャンペーンごとに複雑な条件がある。

1 図を見ればよくわかる！ 確率のきほん
Q&A

Q/ ジャンボ宝くじの連番とバラ，当たる確率は同じ？

A/ ギャンブルを提供する側（胴元）にとって，期待値は重要な指標である。参加者が得られる賞金の期待値が賭け金よりも大きければ参加者が有利，同額であれば公平，賭け金よりも小さければ参加者が不利だといえる。世の中のギャンブルやくじのほとんどは，胴元が損をしないよう計算されたうえで，賞金や賭け金が設定されている。それでも参加者にとっては，運がよければ高額賞金を手に入れられるという夢がある。この構図は，24ページの全額返金と一律還元の話と近い。

下の表は，2023年の年末ジャンボ宝くじの各賞の賞金や確率を示したものである。1 ～ 200組にそれぞれ10万通りのくじがある。これらの合計は2000万枚で，これを「1ユニット」とよぶ。表にある通り，1枚300円の宝くじを買ったときの賞金の期待値は約150円なのである。

さて，このジャンボ宝くじを10枚セットで買おうとする場合，「連番」と「バラ」の2種類の買い方がある。「連番1セット（10枚）」には，すべて組が同じで，番号が連続した（一の位が0から9までの）10枚が入っている。一方，「バラ1セット（10枚）」には，すべて組がことなる，番号が連続しない（一の位が0から9までの）10枚が入っている。場合分けが複雑になるのでくわしい計算は省くが，実は両者の期待値を計算すると同じ値が得られるのである。

ただし，「1等前後賞以上の高額賞金を手にできる確率」は，連番とバラでことなる。高額賞金を手にできる確率はバラのほうが連番よりも2.5倍高くなるのだ。そのかわり，バラの場合は1等前後賞合わせて10億円を手に入れるチャンスは0になる。あなただったらどちらのほうが魅力的に感じるだろうか。

	賞金（円）	1ユニット あたりの本数	確率	賞金×確率
1等	7億円	1	0.00000005	35 円
1等前後賞 （前の番号）	1億5000万円	1	0.00000005	7.5 円
1等前後賞 （後の番号）	1億5000万円	1	0.00000005	7.5 円
1等組ちがい賞	10万円	199	0.00000995	0.995 円
2等	1000万円	8	0.0000004	4 円
3等	100万円	400	0.00002	20 円
4等	5万円	2000	0.0001	5 円
5等	1万円	20000	0.001	10 円
6等	3000円	200000	0.01	30 円
7等	300円	2000000	0.1	30 円
はずれ	0円	17777390	0.8888695	0 円
合計	—	2000万本	1	149.995 円

Q/ 「ツキ」は存在するのだろうか？

A/ ギャンブルを題材にした映画や漫画などでほぼ必ず出てくる要素が"ツキ"である。連続して勝ったり，大逆転の大きな役が完成したりしたときに「ツキがあった」と表現するが，実際に「ツキ」は存在するのだろうか。

結論からいえば，私たちがツキとよんでいるものは，結果の「かたより（10ページ）」のことである。コインを投げたりサイコロを振ったりした際に，全体をみれば均等に目が出ていても，一部分を取り出せば同じ目が連続して出るなどかたよることがあるのだ。コイン投げを1000回もすれば，9回連続で表が出ることもありうるだろう。なぜなら$(\frac{1}{2})^9$，つまり512分の1の確率でおこる現象だからである。

実際，1913年の8月13日，モナコのモンテカルロのカジノで信じがたい出来事がおきた。ルーレットとは，0～36の数字が書かれた37個※の小枠が並ぶ盤面に玉を転がし，どの目に入るかを賭けるギャンブルである。0を除く1～36の数字のうち，奇数が出るか偶数が出るかを賭けるのが，最も単純な賭け方の一つだ。このルーレットで，なんと26回連続で偶数が出たというのである。その確率は，約1億3700万分の1だ。居合わせた客たちは，途中から正気を失ったかのように，奇数に賭けはじめたという。

しかし，この場合，偶数が何回つづけて出ようとも，次に奇数が出る確率はつねに一定で変わらない。「偶数が何度もつづいたから次は奇数がくる」と思うのは錯覚なのだ。ツキをコントロールすることはできないのだから，ギャンブルの期待値が100％を下まわっているときには，運よく勝っている間に"勝ち逃げ"するのが正解とい うことになる。逆に，「ツイているから，もう一回！」と賭けをつづけるのは，胴元の思う壺だ。胴元は，客に賭けをつづけさせれば，大数の法則により損を取り返せるとわかっている。だからこそ，胴元は勝っている客に寛大に振るまうのである。

Q/ 図形の問題でも順列や組み合わせが使えることがある？

A/ 長方形のタイルを35枚使い，横に7列，縦に5段をしきつめた大きな長方形をつくったとする（下のイラスト）。このとき，「各タイルを組み合わせてできる長方形」は，何種類あるだろうか。

実は，この問題を解くには順列や組み合わせの考え方が有効になる。この問題を，「垂直に引かれた8本の直線のうちの2本と，水平に引かれた6本の直線のうちの2本を使い，長方形をつくるときの組み合わせは何通りだろうか」と読みかえるとよいのである。

8本の縦線から2本を選ぶ組み合わせは，1本目の候補が8本，2本目の候補が7本で，1本目と2本目の順番は区別しないから，組み合わせの公式を使えば$_8C_2 = 28$通りとなる。また，6本の横線から2本を選ぶ組み合わせも同様に考えると，$_6C_2 = 15$通りとなる。各タイルの組み合わせでできる長方形は，28通りの縦線のセットと15通りの横線のセットを組み合わせてできるので，28×15＝420種類となる。

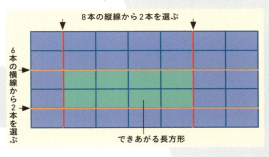

できあがる長方形

※：ヨーロッパスタイルのルーレットの場合。

2 複雑な現象の確率も，図で整理して考えよう

図を使いながら整理すれば，確率論はむずかしくない①

《 問題 》

AとBの2人が，先に3回勝ったほうを勝ちとする勝負をする。Aが2回勝ち，Bが1回勝ったところで勝負を中止したら，A，Bそれぞれへの賭け金の返還はどのように分配すれば公平か？　ただし，A，Bの勝率はともに $\frac{1}{2}$ とする。

STEP 1

17世紀ごろから確率論は本格的に研究されるようになった。この問題は，フランスの数学者ブレーズ・パスカルとピエール・ド・フェルマーが，あるギャンブルのルールについて議論したものだ。このような一見複雑な条件でも，樹形図などにあらわすと理解しやすくなる。この問題では，4回目以降も勝負がつづいた場合を仮定し，おこりうる全パターンを整理して考えればよいのだ。

STEP 2

4回目で勝負がつくのはAが勝つ場合（①）で，その確率は $\frac{1}{2}$ となる。4回目でBが勝つ場合は，もう一回勝負をする必要がある。4回目にBが勝ち5回目にAが勝つ（②）確率は，$\frac{1}{2} \times \frac{1}{2} = \frac{1}{4}$ である。4回目と5回目にBが勝つ（③）確率も $\frac{1}{2} \times \frac{1}{2} = \frac{1}{4}$ である。このギャンブルのように，たがいの確率に影響をあたえない出来事が連続しておきる場合，それぞれのパターンがおきる確率は，個々の出来事がおきる確率を掛け合わせて求められる。これを「乗法の定理」とよぶ。

STEP 3

①〜③の三つのパターンは同時におきることがない。そのため，いずれかのパターンがおきる確率は，それぞれの確率を単純に足し合わせることで求められる。これを「加法定理」とよぶ。よって，Aがゲームの勝者となる確率は①と②の確率を足して $\frac{1}{2} + \frac{1}{4} = \frac{3}{4}$，Bが勝者となる確率は $\frac{1}{4}$ となる。つまり，この問題の答えは，賭け金をA：B＝3：1で分配すればよいということになるのだ。

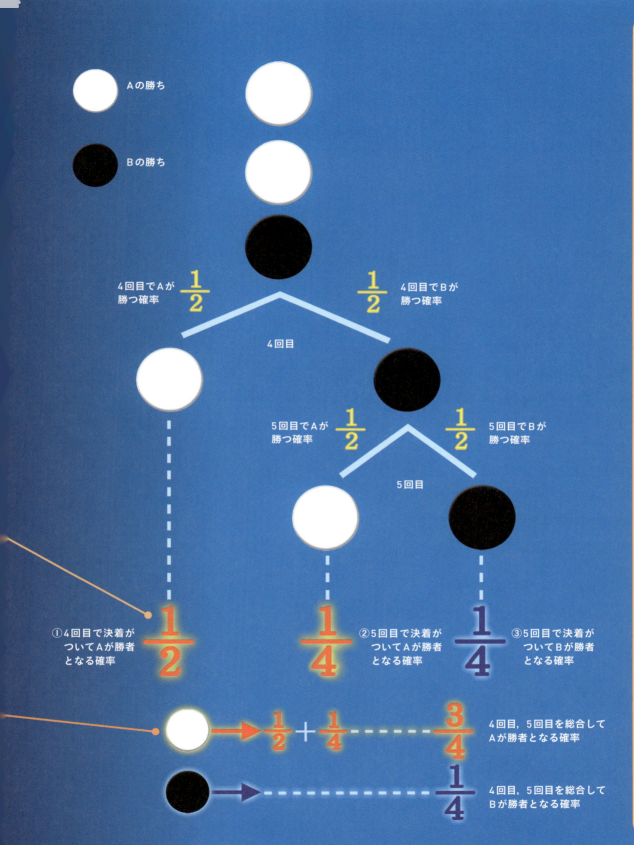

2 複雑な現象の確率も，図で整理して考えよう

図を使いながら整理すれば，確率論はむずかしくない②

STEP 1

28ページの問題に対して，「Aが2回勝ったところで勝負を中止した」場合の賭け金の返還はどのように分配すればよいだろうか。おこりうるパターンを同じように考えてみよう。3回目でAが勝つ確率は$\frac{1}{2}$。3回目にBが勝ち，4回目でAが勝つ確率は$\frac{1}{2}×\frac{1}{2}=\frac{1}{4}$。5回目でAが勝つ確率は$\frac{1}{2}×\frac{1}{2}×\frac{1}{2}=\frac{1}{8}$。Aがゲームの勝者となるのは以上の3パターンある。

STEP 2

一方，Bがゲームの勝者となるのは3〜5回目をすべてBが勝つパターンのみで，その確率は$\frac{1}{2}×\frac{1}{2}×\frac{1}{2}=\frac{1}{8}$である。Aが勝者となる確率は$\frac{1}{2}+\frac{1}{4}+\frac{1}{8}=\frac{7}{8}$に対して，Bが勝者となる確率は$\frac{1}{8}$となるため，「Aが2回勝ったところで勝負を中止した」場合の賭け金の返還は，A：B＝7：1で分配すればよいということになる。

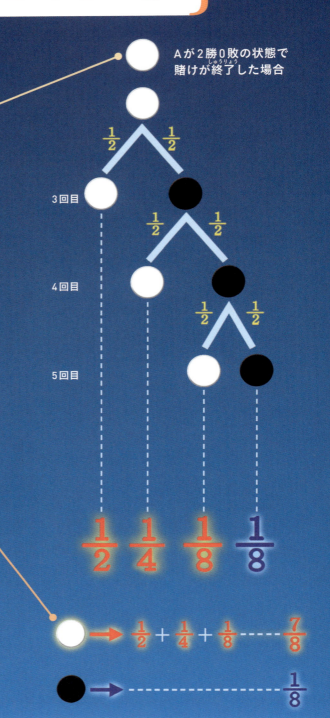

STEP 3

「Aが1回勝ったところで勝負を中止した」場合も考え方は同じだ。少し複雑にはなるが，図で整理すればおちもれが出ることはない。Aがゲームの勝者となるのは6パターンで，その確率は合わせて $\frac{11}{16}$。Bが勝者となるのは4パターンで，その確率は合わせて $\frac{5}{16}$。したがって，賭け金の返還は，A：B＝11：5で分配すればよい。

Aが1勝0敗の状態で賭けが終了した場合

2 複雑な現象の確率も，図で整理して考えよう

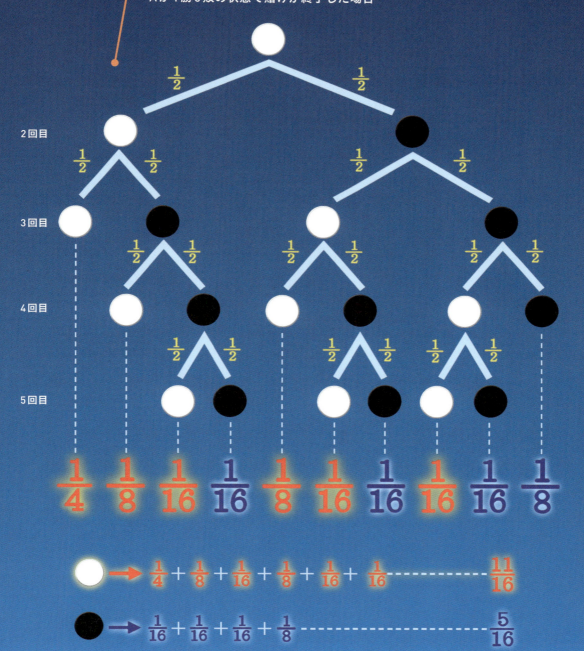

2 複雑な現象の確率も，図で整理して考えよう

余事象を計算するほうが簡単な場合がある

②すべての大学に不合格になる事象

①少なくとも一つの大学に合格する事象

STEP 2

この問題の余事象は，「すべての大学に不合格」になることだ。「少なくとも一つの大学に合格（①）」と「すべての大学に不合格（②）」は同時におきることがない。そして，それ以外のパターンはありえない。つまり，確率全体をあらわす1（＝100％）から，②となる確率を差し引くことで，①の確率を求めることができるのだ。

STEP 3

すべての大学に不合格となる確率は，各大学の不合格率を掛け合わせることで求めることができる。その確率は $\frac{7}{10} \times \frac{7}{10} \times \frac{8}{10} \times \frac{8}{10} \times \frac{9}{10} \times \frac{9}{10}$ で，百分率にすると約25.4％になる。つまり，少なくとも一つの大学に合格する確率は100 － 25.4 ＝ 74.6％だということがわかる。

余事象を利用した計算

すべての大学に不合格となる確率

A大学 不合格確率 70％　$\frac{7}{10}$

×

B大学 不合格確率 70％　$\frac{7}{10}$

×

C大学 不合格確率 80％　$\frac{8}{10}$

×

D大学 不合格確率 80％　$\frac{8}{10}$

×

E大学 不合格確率 90％　$\frac{9}{10}$

×

F大学 不合格確率 90％　$\frac{9}{10}$

＝

25.4016％

2 複雑な現象の確率も，図で整理して考えよう

全パターンを書き出して求める計算方法

- - - - 合格となる場合
──── 不合格となる場合

ある受験生がA～Fの六つの大学を受験する。各大学の合格確率は，順に30％，30％，20％，20％，10％，10％だとすると，少なくとも一つの大学に合格する確率はどのくらいだろうか。28ページでみたように全パターンを書き出して，一つひとつ確率を求めていくこともできるが，このように非常に手間がかかる。しかし，この問題は余事象（8ページ）を考えることで計算を単純化できるのだ。

STEP 1

2 複雑な現象の確率も，図で整理して考えよう

条件によって確率が変わることがある

STEP 1

ある家族に子供が2人いて，少なくとも1人は男の子であることがわかっているとき，もう1人も男の子である確率はどのくらいだろうか。直感的には，$\frac{1}{2}$と答えたくなるかもしれない。しかし正しい答えは$\frac{1}{3}$になるのだ。このようにある条件や情報によって変化する確率を，「条件つき確率」とよぶ。

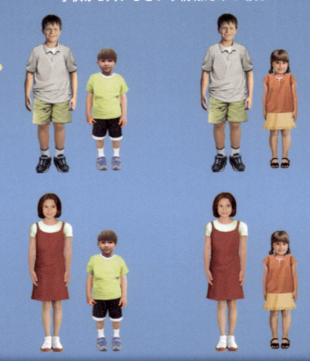

子供が2人いるという情報だけの場合

$$P(A \mid B) = \frac{P(A \cap B)}{P(B)}$$

2 複雑な現象の確率も，図で整理して考えよう

STEP 2

まず，子供が2人という情報しかないとしよう。その場合の性別のパターンは，生まれた順に｛男・男｝，｛男・女｝，｛女・男｝，｛女・女｝の4通りになる。この状況に「少なくとも1人は男である」という情報が加わると，上記の4通りから｛女・女｝のパターンは除外される。すると，残された可能性は，｛男・男｝，｛男・女｝，｛女・男｝の3通りになる。そして，その残り三つのパターンのうち，1人が男のとき，もう1人も男であるのは，｛男・男｝のパターンのときだけだ。よって確率は $\frac{1}{3}$ となるのである。

1人は男だという情報が入った場合

STEP 3

あるBという条件・情報のもとで，事象Aがおきる条件つき確率のことを，P(A|B)とあらわし，左の式で求めることができる。P(A∩B)はAとBの両方がおきる確率，P(B)はBがおきる確率である。この問題の場合，求めたい確率は，「少なくとも1人は男という条件のもとで，残りの1人が男である」確率である。Aには「残りの1人が男である」という事象，Bには「少なくとも1人は男である」という事象があてはまる。A∩Bは「2人とも男である」という事象をあらわすことになる。よって，P(B) = $\frac{3}{4}$，P(A∩B) = $\frac{1}{4}$ をこの式にあてはめると，P(A|B) = $\frac{1}{3}$ が求められる。

2 複雑な現象の確率も，図で整理して考えよう

確率とは関係なさそうな条件でも，結果は変わってしまう

STEP 2

ある家族に子供が2人いるとき，その組み合わせは4通りだ。確率はW＝X＝Y＝Z＝$\frac{1}{4}$である。今回の場合はさらに，男の子供が「男（ケン）」か「男（非ケン）」かで場合分けをする。すると，この図に示したように，8通りあることがわかる。W_1とW_2とW_3，X_1とX_2，Y_1とY_2のおこりうる確率がそれぞれ等しいとすると，$W_1＝W_2＝W_3＝\frac{1}{12}$，$X_1＝X_2＝\frac{1}{8}$，$Y_1＝Y_2＝\frac{1}{8}$，$Z＝\frac{1}{4}$となる。

性別だけできょうだいを区別した場合

STEP 1

ある家族には子供が2人いて，そのうち1人は「ケン」という名前の男の子だ。このとき，もう1人も男の子である確率はどのくらいだろうか。ただし，もう1人の子供の名前はケンではないとする。子供の名前がわかったところで確率には関係なさそうなので，34ページと同じように，$\frac{1}{3}$と答えたくなるのではないだろうか。実際にたしかめてみよう。

性別と，1人の男の子の名前できょうだいを区別した場合

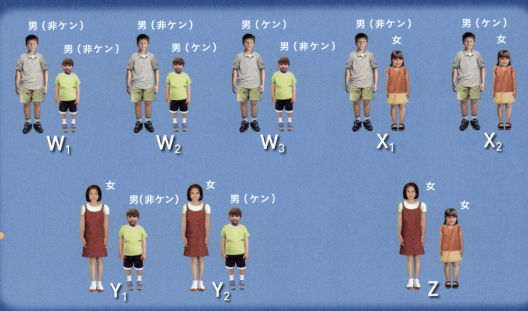

それぞれの組み合わせがおこりうる確率

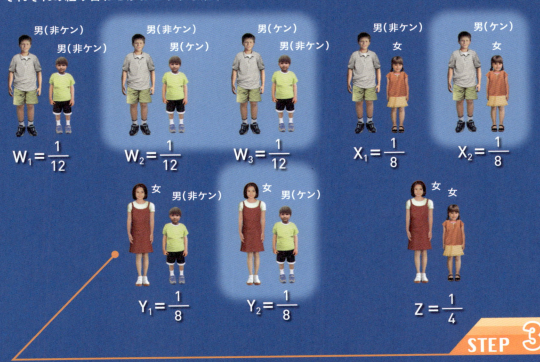

STEP 3

今回の場合，A∩Bは「1人がケンという男で，残りの1人も男である」という事象になるので，P（A∩B）＝$W_2+W_3=\frac{1}{6}$。Bは「少なくとも1人はケンという男である」という事象になるので，P（B）＝$W_2+W_3+X_2+Y_2=\frac{5}{12}$。これを34ページの公式にあてはめると，P（A|B）＝$\frac{2}{5}$となる。つまり，男の子の名前がわかっただけで，34ページと確率が変わってしまうのである。

2 複雑な現象の確率も，図で整理して考えよう

2 複雑な現象の確率も，図で整理して考えよう

「モンティ・ホール問題」も図ならよくわかる

3枚のドアのうち，当たりはどれ？（モンティ・ホール問題）

【状況1】挑戦者がドアAを選ぶ

【状況2】司会者がドアBを開く（ドアCを残す）

STEP 1

感覚と計算結果にずれが生じやすい例を，もう一つ紹介しよう。アメリカのテレビのクイズ番組で次のような問題が出題された。「挑戦者の前には3枚のドアA，B，Cがあり，その中のどれか一つのドアの向こうにだけ豪華賞品がある。ここで挑戦者がドアAを選んだとする（状況1）。すると，当たりのドアを知っている司会者が，残りの2枚のうちのドアBを開けて，それがはずれであることを挑戦者に見せる（状況2）。そして，ドアCに変更するかドアAのままにするかを挑戦者にたずねるのだ。あなたならどうするだろうか？

STEP 2

これは「モンティ・ホール問題」という名の"難問"として有名なものだ。Bがはずれだから，残る選択肢はAとCの2択である。当たる確率はどちらも $\frac{1}{2}$ だから，変更する意味はない，と考えたのではないだろうか。しかし，実際はドアCに変更したほうが当たる確率が上がるのである。なぜそうなるか，順序立てて考えていこう。まず，司会者がBのドアを開くという条件がつく前は，Aが当たる確率は $\frac{1}{3}$，Aがはずれる確率は $\frac{2}{3}$ である（円グラフ①）。

2 複雑な現象の確率も，図で整理して考えよう

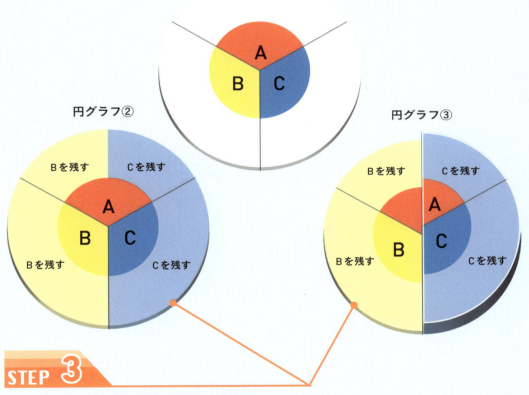

円グラフ①

円グラフ②

円グラフ③

STEP 3

ここで，当たりを知っている司会者の立場で考えてみよう。「Aが当たり」であったならば，BとCどちらを残してもよいことになる（確率は $\frac{1}{2}$ とする）。しかし，「Bが当たり」なら必ずBを，「Cが当たり」なら必ずCを残すはずだ。これを外側の円グラフにあらわすと円グラフ②のようになる。今回，司会者が「Bのドアははずれである」と教えたことにより，円グラフ②の左側は除外され，右側の部分が残ることになる（円グラフ③）。つまりAのドアが当たりである確率は $\frac{1}{3}$，Cのドアが当たりである確率は $\frac{2}{3}$ となるのだ。よって，Cのドアに変更するほうが当たる確率は高いのである。

2 複雑な現象の確率も、図で整理して考えよう
「99％正しい検査で陽性」を図であらわしてみよう

STEP 1

ある新しいウイルスが発生し、すでに1万人に1人の割合で感染しているとする。感染検査を受けたところ、あなたは医師から陽性と告げられ、「検査の精度は99％であり、誤った判定が出る可能性は1％である」という説明を受けた。99％の精度があるのだから、ほぼ確実にウイルスに感染してしまった、とあなたは思うのではないだろうか。

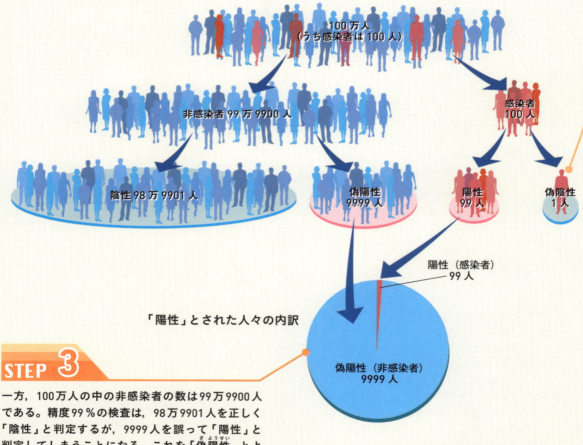

感染者が1万人に1人しかいない、めずらしい病気の場合

STEP 3

一方、100万人の中の非感染者の数は99万9900人である。精度99％の検査は、98万9901人を正しく「陰性」と判定するが、9999人を誤って「陽性」と判定してしまうことになる。これを「偽陽性」とよぶ。つまり、陽性と判定された1万98人のうち、実際に感染しているのは99人であり、陽性と判定された人の1％に満たないのだ。

STEP 2

たとえば，100万人がこの検査を受けたとしよう。感染率を考えると，この100万人の中には100人の感染者がいるということになる。精度99％の検査は，この100人の感染者のうち，平均して99人を，正しく「陽性」と判定する。しかし，残りの1人を，誤って「陰性」と判定してしまうのだ。これを「偽陰性」とよぶ。

STEP 4

ただし，偽陽性と判定される人が陽性の人々よりも多くなってしまうのは，非常にめずらしい病気の場合である。これが2人に1人が感染するようなありふれた病気の場合，100万人に対して同じ99％の精度の検査を行うと，偽陽性が5000人，本当に陽性の人は49万5000人となる。もし陽性と判定されたら，実際に感染している可能性が高いのだ。このように，同じ性能の検査であっても，病気のめずらしさや感染率によって，陽性の意味は大きく変わるのである。

2 複雑な現象の確率も，図で整理して考えよう

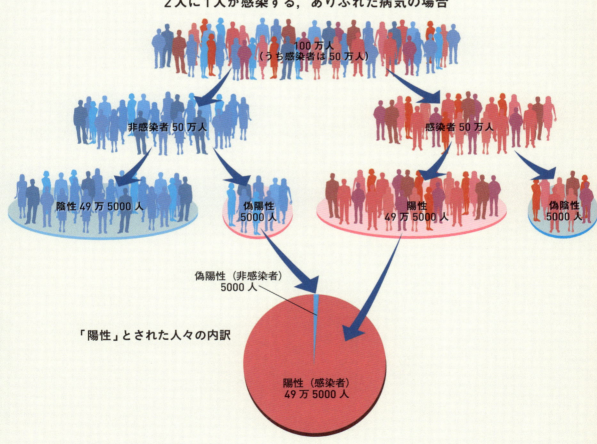

2人に1人が感染する，ありふれた病気の場合

2 複雑な現象の確率も,図で整理して考えよう
紅茶に入れたミルクが勝手に広がるわけ

STEP 3

このランダム・ウォークと同じような動きは自然現象にもよくみられる。たとえば,紅茶が入ったカップにミルクをたらすと,スプーンでかきまぜなくても,時間とともにミルクは紅茶とまざり合いながら徐々に広がっていくはずだ。この拡散現象は「ブラウン運動」とよばれるもので,粒子がランダム・ウォークをもとにした不規則な運動をした結果,元の位置からはなれていくことでおきる。ほかにも,株価の変動や交通渋滞のシミュレーションなど,さまざまな現象の解析にランダム・ウォークが使われている。

STEP 1

無限につづく1本の数直線を考えてみよう。点Pは最初,原点にある。そして,コインを投げて表が出たら点Pは右に,裏が出たら左に進むものとする。このような操作をくりかえすと,点Pは時間とともにふらふらと不規則に動きつづける。このような予測不能な動きを「ランダム・ウォーク」とよぶ。これをつづけるとどうなるだろうか。左右に移動する確率は $\frac{1}{2}$ ずつなのだから,点Pはいつまでたっても原点の近くをうろうろとするように思えるかもしれない。しかし,実際に計算してみると,点Pがじわじわと原点からはなれていくことのほうが,確率的によくおきるのだ。

1次元のランダム・ウォーク

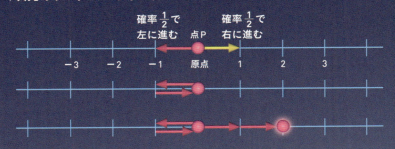

2次元のランダム・ウォーク

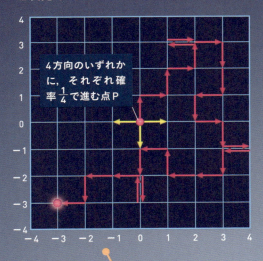

3次元のランダム・ウォーク

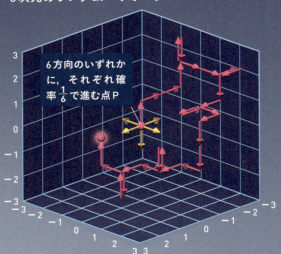

STEP 2

2次元や3次元の格子上でランダム・ウォークを考えた場合も同様である。2次元の場合は,前・後・左・右の4方向に,それぞれ $\frac{1}{4}$ の確率で点Pが動くとする。3次元の場合は,前・後・左・右・上・下の6方向に,それぞれ $\frac{1}{6}$ の確率で点Pが動くとする。これを実際にコンピューターなどでシミュレーションすると,どの場合でも,時間の経過とともに,原点から遠ざかっていく傾向があらわれるのだ。ただし,原点付近にとどまることも低確率ながらありえる。

2 複雑な現象の確率も,図で整理して考えよう

2 複雑な現象の確率も，図で整理して考えよう
Q&A

Q/ 「日本シリーズ」は，何試合で決着がつく確率が高い？

A/ 日本シリーズとは，プロ野球のセ・リーグとパ・リーグの代表チームが，日本一をかけて戦うもので，どちらかのチームが先に4勝すれば決着がつく。両チームの実力がまったく互角の場合，直感では，最終戦の第7戦までもつれこむ可能性が最も高いように思えるが，実際の確率はどうなのだろうか？

実力が互角という前提なので，セ・リーグのチームが1戦ごとに勝つ確率は50％，負ける確率も50％とする。ただし，引き分けは考慮しない。このとき，「セ・リーグのチームが4連勝で優勝する確率」は，$0.5^4 = 0.0625$（$= 6.25％$）と計算できる。パ・リーグのチームも同様なので，「4勝0敗で決着がつく確率」は $6.25％ + 6.25％ = 12.5％$ となる。

「セ・リーグが4勝1敗で優勝する確率」の場合は，セ・リーグのチームが「1試合目だけ負ける」「2試合目だけ負ける」「3試合目だけ負ける」「4試合目だけ負ける」の4通りしかない。どれも5試合目で勝負が着くため，その確率は $0.5^5 \times 4 = 0.125$（$= 12.5％$）となる。パ・リーグのチームも同様なので，合わせて25％だ。

このようにして考えると，4勝2敗で決着がつく確率は31.25％，4勝3敗で決着がつく確率は31.25％となる。実は，4勝2敗と4勝3敗の確率は同じになるのだ。ちなみに，2023年の日本シリーズは，セ・リーグの阪神タイガースが，パ・リーグのオリックス・バファローズを4勝3敗で下し，日本一の栄冠を手にしている。

Q/ 同じクラスの中に，誕生日が同じペアがいるのはめずらしい？

A/ 同じクラスに誕生日が同じペアがいたら，「めずらしい偶然の一致」と感じるだろうか。たとえば，あるクラスに30人の生徒がいたとしよう。2月29日生まれは考慮しないとして，1年を365日として考える。

求めたいのは，「30人のうち，少なくとも2人以上が，どこかの日付で誕生日が一致する確率」である。これは「余事象」の考え方を利用するのがよい。「30人の誕生日がすべてことなる確率」を求めて，それを1（$= 100％$）から引けばよいのだ。1人目の誕生日はいつでもよいから365通りある。2人目の誕生日は1人目とちがう日付だから364通り，3人目の誕生日は363通り，4人目の誕生日は362通り……，30人目の誕生日は336通りとなる。これらを掛け合わせると，30人の誕生日がすべてことなるパターンの数がわかる。30人の誕生日のあらゆるパターンの数は，全員が365日のうちのいつでもよいから，365^{30} 通りとなる。よって，「30人の誕生日がすべてことなる確率」は，

$$\frac{365 \times 364 \times 363 \times \cdots\cdots \times 336}{365^{30}}$$

で，これを計算すると約30％となる。

つまり，30人のクラスで，少なくとも2人以上が，同じ誕生日である確率は約70％ということになる。めずらしいどころか，むしろおこりやすい出来事なのだ。しかし，これが「30人のク

ラスで，あなたと誕生日が同じ人がいる確率」になるとどうだろうか。計算すると約7.6％になる。こちらは非常にめずらしい出来事だといえるのだ。

Q / モンティ・ホール問題の正しさを実感する方法はあるだろうか？

A / モンティ・ホール問題は当時，大論争を巻きおこし，多くの視聴者から反論が殺到したとされる。中には博士号をもった数学者も含まれていたというからおどろきだ。なかなか実感がわかないかもしれないが，確かに選ぶドアを変更したほうが，当たる確率は上がるのである。

この結果に納得できないという人は，選ぶドアをふやしてみるとよい。たとえば，ドアがA〜Eの5枚あるとし，その中の一つが当たりのドアとする。挑戦者がドアAを選んだ後に，当たりを知っている司会者がドアB〜Dのドアを開けて，それがはずれであることを挑戦者に見せるとどうなるか。ドアAが当たりとなる確率が$\frac{1}{5}$であるのに対して，残ったドアEが当たりとなる確率は$\frac{4}{5}$となるのである。ドアの数を極端にふやしていけばいくほど，残された一つのドアが当たりとなる確率は高くなるので，実感がわいてくるのではないだろうか。

それでも納得ができないという場合は，トランプなどを使って，2人組みで実験してみるのもよいだろう。問題と同じ条件にして，Aをそのまま選択する場合と，AからCへと変更する場合をそれぞれくりかえし試し，両者の結果を比較すれば，変更した場合のほうが当たりの確率が高くなるはずである。

Q / 人は，ランダムな結果から意味をみいだそうとしてしまう？

A / 「乱数」とは「次に何が出るかまったくわからない，規則性のない数」のことをさす。サイコロは1から6までの乱数を生み出す，身近な乱数発生器といえる。しかし，もしサイコロが5回連続で「1」を出したとしたら，何かサイコロに細工があるのではないかと疑ってしまうのではないだろうか。

下の二つの図を見てもらいたい。どちらがランダムな点の分布に見えるだろうか。多くの人は，左の図がランダムと思うのではないだろうか。しかし実際は，左は点どうしが重ならないように意図的に配置したもので，右がランダムな分布なのである。左の図からは，意味がありそうなパターンが読み取れないために，「よりランダムだ」と判断してしまいがちなのである。

この錯覚は，逆に利用すれば，人にランダムな印象を演出することもできる。たとえば，デジタル音楽プレーヤーや音楽ストリーミングサービスの「シャッフル再生（ランダム選曲）」には，特定のアーティストの曲がつづけて選ばれにくくするなど，意図的にランダムさを減らすことで，“より自然なランダムさ”が感じられるようにくふうされているものがある。同様のくふうは，コンピューターゲームの敵キャラクターの動きなど，さまざまなところで応用されている。

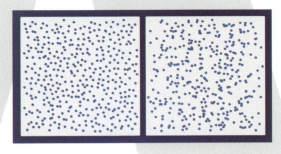

3 図を見ればよくわかる！ 統計のきほん

図で見破る「平均値のトリック」

平均の計算式

$$平均 = \frac{データ1 + データ2 + \cdots + 最後のデータ}{データの個数}$$

STEP 1

平均値とは，「すべてのデータの合計値をデータの個数で割ったもの」のことだ。計算式であらわすと上のようになる。平均値は学校の成績やニュース，広告など，日常の幅広い場面で目にする値だろう。つい自分を平均とくらべて，上まわっていれば安心し，下まわっていれば不安になってしまうものだ。しかし，平均には大きな落とし穴があることを忘れてはならない。

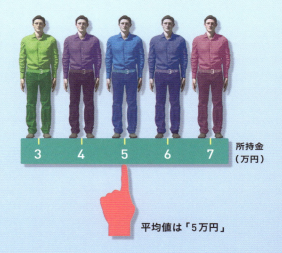

平均値は「5万円」

STEP 2

たとえば所持金がそれぞれ3万円，4万円，5万円，6万円，7万円の5人がいたとしよう。この5人の所持金の平均は「5万円」である。しかし，ここに23万円をもつ6人目が加わると，平均値は一気に「8万円」にはね上がる。このように平均値は，極端な値の影響を受けやすいのである。平均値には，「中くらいの値」というイメージがあるかもしれないが，必ずしもそれをあらわす値になるというわけではないのだ。

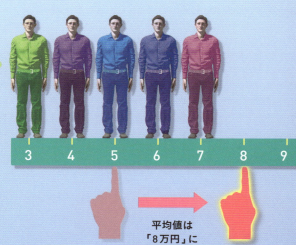

平均値は「8万円」にはね上がる

図を見ればよくわかる！統計のきほん

日本の世帯別の平均貯蓄額

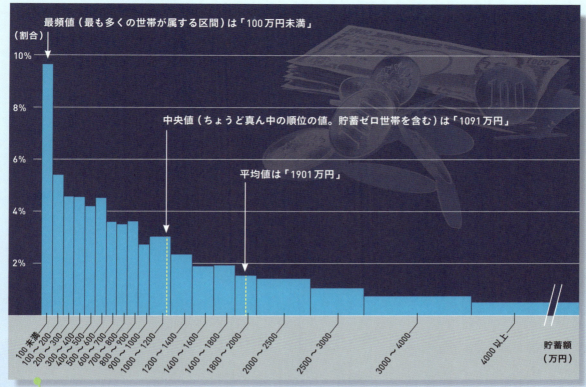

最頻値（最も多くの世帯が属する区間）は「100万円未満」

中央値（ちょうど真ん中の順位の値。貯蓄ゼロ世帯を含む）は「1091万円」

平均値は「1901万円」

STEP 3

総務省「家計調査報告（貯蓄・負債編）」によると，日本の2人以上の世帯の平均貯蓄額（2022年）は「1901万円」とされている。予想外の金額の高さにおどろいたのではないだろうか。実際は，平均貯蓄額を上まわる世帯は全体の約3分の1しかいないのだが，それが全体の平均値を押し上げていることがよくわかるだろう。こうした平均値の欠点をおぎなうのが，「最頻値」と「中央値」である。最頻値はデータの中で最も割合が高い値だ。グラフを見てみると，実は貯蓄額が100万円未満の世帯が最も多いことがわかる。また，中央値はデータを大きさ順で並べたとき，中央に位置する値だ。グラフを見てみると，1091万円が中央値になる。このように，データはさまざまな指標でみることが重要である。

3 図を見ればよくわかる！ 統計のきほん
データで注目すべきは「ばらつき」

A店のドーナツ
平均：100グラム
分散：308.5
標準偏差：17.56

STEP 1

ある二つのドーナツショップがある。A店，B店のドーナツともに，重さの平均値は100グラムと同じである。しかし，二つのドーナツを実際に見くらべてみると，A店は見た目に差があるように感じないだろうか。そこで平均値の次に注目すべきなのが，データの「ばらつき」である。各店のドーナツの重さの平均値と，一個一個のドーナツの重さの差に着目するのである。これを「偏差」とよぶ。

3 図を見ればよくわかる！統計のきほん

STEP 3

分散を計算すると，A店が308.5，B店が約3.8となり，A店のほうがばらつきが大きいことがわかる。見た目に感じた違和感は正しかったといえる。しかし，分散では「どれくらいばらついているか」まではわからない。そこで分散の平方根である「標準偏差」が役に立つ。A店の標準偏差は$\sqrt{308.5}$＝約17.56，B店の標準偏差は$\sqrt{3.8}$＝約1.95となる。これは，A店のドーナツの約7割が100±17.56グラム，B店のドーナツの約7割が100±1.95グラムの範囲におさまっていることを意味する。比較するときに非常にわかりやすい指標である。

B店のドーナツ
平均：100グラム
分散：3.8
標準偏差：1.95

分散の計算式

$$分散 = \frac{データ1の偏差^2 + データ2の偏差^2 + \cdots + 最後のデータの偏差^2}{データの個数}$$

STEP 2

偏差は平均点を基準とするので「プラスの差」も「マイナスの差」もあり，単純にすべて足すと0になってしまう。そこで偏差をすべて2乗してから平均をとることで，ばらつきの大小をあらわす値を得られる。これが「分散」である。式であらわすと上のようになる。この分散を使ってA店とB店のデータをくらべてみるとどうなるか。

3 図を見ればよくわかる！ 統計のきほん

同じ平均点でも，図であらわすと大きくちがう

STEP 1

ばらつきのちがいはグラフでみるとよりわかりやすく実感できる。あるテストを例に考えてみよう。あなたが1回目のテストで取った点数は70点だった。クラス全体の平均点は60点である。しばらくして2回目のテストが実施された。あなたの点数は前回と同じ70点，クラス全体の平均点も前回と同じ60点である。しかし，先生は「今回はよくがんばったね」とほめてくれたのである。なぜだろうか。

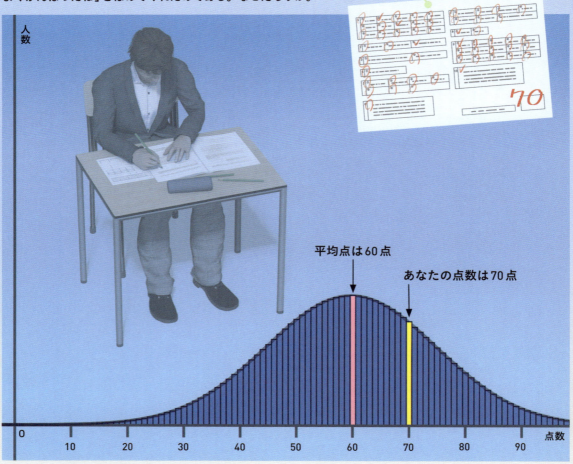

STEP 2

下のグラフは，前回のテストと今回のテストの点数を柱状グラフにしたものだ。横軸は点数，縦軸は人数をあらわしている。このグラフを見れば，その理由は一目瞭然だ。前回にくらべて，今回のテストのほうが，あなたよりもよい点数を取った人がずっと少なかったのだ。2回目のテストのほうが難易度が高く，70点は高得点といえる結果だったのである。分散や標準偏差のちがいによって，グラフの形は大きく変わることがよくわかるだろう。データを正しく分析するためには，ばらつきぐあいや個別のデータが集団のどこに位置しているかなどに注目することが大事なのである。

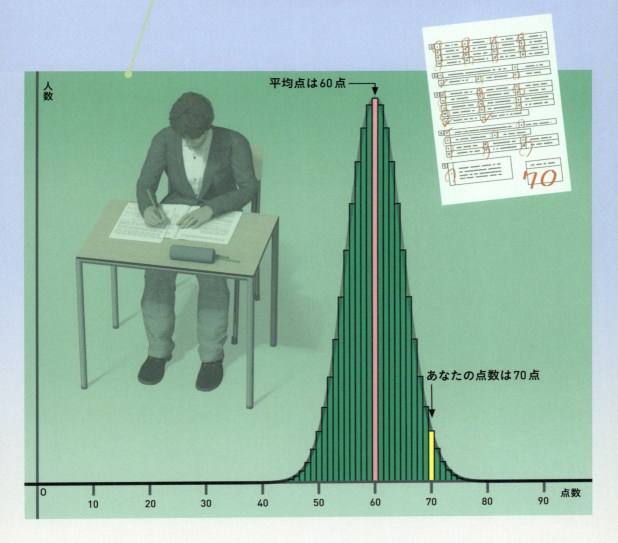

3 図を見ればよくわかる！統計のきほん

3 図を見ればよくわかる！ 統計のきほん
平均点の取り方次第で，真逆の結論が出る

STEP 1

ここにA校とB校の，二つのライバル高校がある。どちらも全校生徒の数が500人の大きな高校で，文系と理系両方のコースがある。ある年の全国模擬試験で，A校とB校の平均点を比較したところ，理系コース・文系コースともに，A校のほうが上まわっていた。しかし，全体の平均点で比較したところ，B校がA校の点数を上まわっていたのである。なぜこのようなことがおきるのだろうか。

STEP 2

ポイントはA校とB校で、理系と文系の人数の比率がことなることである。両コースの人数の内訳をみてみると、A校は理系が240人で文系が260人だった。一方、B校は理系が380人で文系が120人だった。A校は理系と文系の割合が同じくらいだったのに対し、B校は理系の割合が高かったのである。理系と文系で平均点に開きがあったため、このような平均点の逆転現象がおきたのである。

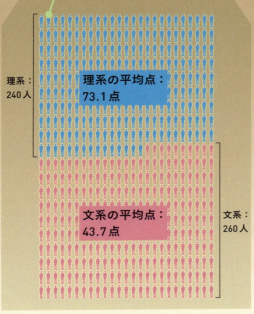

理系：240人
理系の平均点：73.1点
文系の平均点：43.7点
文系：260人

A校

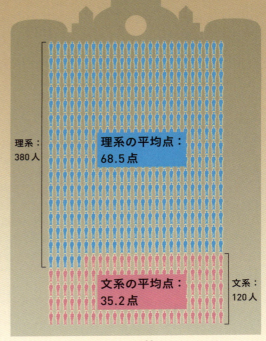

理系：380人
理系の平均点：68.5点
文系の平均点：35.2点
文系：120人

B校

A校全体の平均点

$$\frac{73.1 \times 240 + 43.7 \times 260}{500} = 57.812 \text{点}$$

B校全体の平均点

$$\frac{68.5 \times 380 + 35.2 \times 120}{500} = 60.508 \text{点}$$

STEP 3

これは「シンプソンのパラドックス」とよばれるもので、集団の一部分がもつ性質と、集団全体のもつ性質が同じであると直感的に思ってしまうことでおきる。全体だけをみて、あるいは部分だけをみて結論をみちびくのは誤りであるということがよくわかる例だ。このパラドックスを悪用して、都合のよい結論をみちびいたり、誤解をあたえるような広告表示をしたりといった事例はめずらしくない。"統計のトリック"にひっかからないためにも、覚えておくとよいだろう。

3 図を見ればよくわかる！統計のきほん

3 図を見ればよくわかる！ 統計のきほん

「正規分布」は自然界や社会でよくみられる"形"

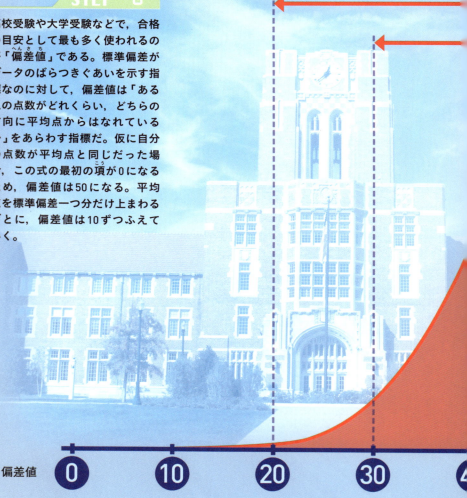

偏差値の計算式

$$偏差値 = \frac{点数 - 平均}{標準偏差} \times 10 + 50$$

STEP 1

高校受験や大学受験などで，合格の目安として最も多く使われるのが「偏差値」である。標準偏差がデータのばらつきぐあいを示す指標なのに対して，偏差値は「ある人の点数がどれくらい，どちらの方向に平均点からはなれているか」をあらわす指標だ。仮に自分の点数が平均点と同じだった場合，この式の最初の項が0になるため，偏差値は50になる。平均点を標準偏差一つ分だけ上まわるごとに，偏差値は10ずつふえていく。

偏差値 0 10 20 30

3 図を見ればよくわかる！統計のきほん

STEP 2

テストを受ける人が十分に多いなどの条件を満たすと，一般的にテストの点数の分布は，グラフのようなつり鐘型になる。これを「正規分布」とよぶ。正規分布のグラフの形は，平均値と分散（または標準偏差）が決まれば一つに決まる。テストの点数だけでなく，雨粒の大きさや人の身長など，自然界や社会のさまざまなデータが正規分布にしたがうことが知られている。なお，正規分布とは"正しい分布"ではなく，"ありふれた分布"という意味である。

STEP 3

正規分布のグラフでは，平均値から標準偏差プラス・マイナス一つ分の範囲に全データの約68％が含まれる。標準偏差プラス・マイナス二つ分の範囲には約95％，三つ分の範囲には約99.7％が含まれる。自分の相対的な位置がわかりやすいため，合格率の目安として使われるのだ。ただし，テストを受ける人数が少なかったり，出題の難易度にかたよりがあったりした場合は，正規分布にしたがわないことも多くなるので，注意が必要だ。51ページの例もその一つだといえる。

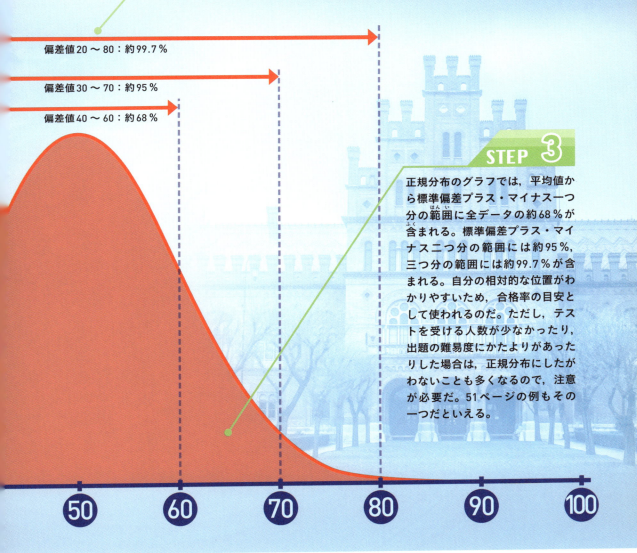

偏差値20〜80：約99.7％
偏差値30〜70：約95％
偏差値40〜60：約68％

3 図を見ればよくわかる！ 統計のきほん

グラフにあらわせば、パン屋の不正もすぐ見抜ける！

STEP 2

1年後，数学者は重さの分布をグラフにあらわした。すると，950グラムを頂点にした正規分布があらわれたのだ。つまり，パン屋は50グラム分をごまかし，950グラムを基準にパンをつくっていたのである。数学者に不正を指摘されたパン屋は反省したのか，以前よりも大きなパンを渡してくるようになった。

数学者

STEP 1

正規分布の性質を利用することで，不正やウソを見抜くことも可能になる。ある数学者の逸話を紹介しよう※。その数学者は「1キログラムのパン」を売るパン屋に通っていた。当然，厳密に1キログラムというわけではなく，パン一つひとつの重さは少しずつことなる。しかし，このパンを毎日買っていた数学者はある違和感をおぼえ，買ったパンの重さを記録することにしたのだ。

3 図を見ればよくわかる！統計のきほん

1度目の不正を見抜いたグラフ

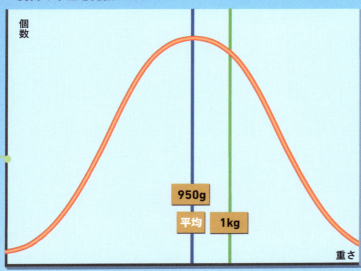

パン屋の主人

2度目の不正を見抜いたグラフ

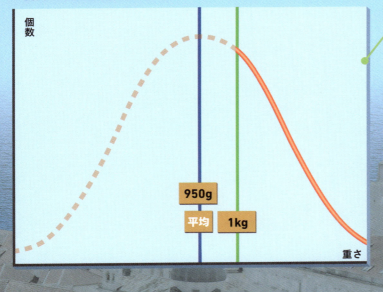

STEP 3

ここで話は終わらない。数学者はその後も買ったパンの重さを記録しつづけ，それを再度グラフにあらわした。すると，グラフは正規分布の形にはならなかったのだ。しかも，1キログラム以上のグラフの形が，1度目の不正を見抜いたときのグラフと同じだったのである。つまり，パン屋は1度目の指摘後も950グラムを基準にパンをつくりつづけており，数学者が来店すると，あらかじめ選んでおいた1キログラムより大きいパンを渡していただけだったのだ。

※：この逸話はパンの重さによる配給制限のあった第二次世界大戦後の（西）ドイツ・ハンブルクでの話がもとになっており，その際のパンの重さは200グラムとなっている。

3 図を見ればよくわかる！ 統計のきほん
生命保険は統計と確率で成り立っている

STEP 1
病気やケガ，事故などで突然の大きな出費が発生したときの備えが，生命保険や損害保険である。契約にもとづいて保険料を支払い，いざというときには保険会社から保険金を受け取るしくみだ。このとき，保険会社が支払う保険金の総額や会社運営の経費などは，保険加入者が支払う保険料の総額とつり合う必要がある。このため，保険料と保険金のバランスは，過去の統計データなどにもとづき，保険会社に赤字が出ないように設定されている。

STEP 3
「1年間の保険契約期間内に死亡したら1000万円が支払われる」というシンプルな生命保険で考えてみよう。この生命保険の加入者は，各年齢ごとに10万人とする。死亡率を考えると，20歳男性の場合，1年間に59人が亡くなると予想される。保険会社が支払う保険金の総額は，59人×1000万円＝5億9000万円だ。これを加入者10万人で負担すると，1人あたりの保険料は5900円となる。保険会社の経費などを考慮すると，保険料はもっと高くなる。当然，年齢が高いほど死亡率も高いため，保険料も上がることになる。これが保険の基本的なしくみだ。

STEP 2

このグラフは,「年齢別にみた日本人男性の1年間の死亡率」をあらわしている。各保険会社から提供された過去の統計データから作成されたものだ。このグラフによると,20歳の男性が1年間に死ぬ確率は0.059％,40歳の男性では0.118％,60歳の男性では0.653％であることがわかる。各保険会社は,この死亡率を基準に,生命保険の金額を決めている。

3 図を見ればよくわかる！統計のきほん

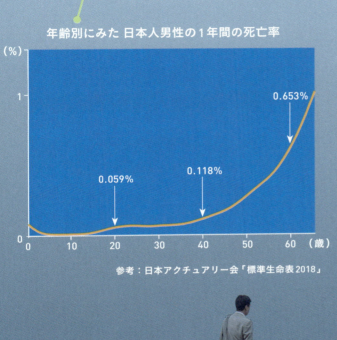

年齢別にみた 日本人男性の1年間の死亡率

参考：日本アクチュアリー会「標準生命表2018」

20歳
保険会社が支払う金額
10万人 × 0.00059 × 1000万円
= 5億9000万円

20歳加入者全員の保険料総額
5億9000万円
1人あたりの保険料5900円

40歳
保険会社が支払う金額
10万人 × 0.00118 × 1000万円
= 11億8000万円

40歳加入者全員の保険料総額
11億8000万円
1人あたりの保険料1万1800円

60歳
保険会社が支払う金額
10万人 × 0.00653 × 1000万円
= 65億3000万円

60歳加入者全員の保険料総額
65億3000万円
1人あたりの保険料6万5300円

3 図を見ればよくわかる！ 統計のきほん

10年保障の保険料の決め方も，図ならよくわかる

STEP 2

しかし，年齢とともに死亡率は高くなるため，毎年死亡者がふえると予想される。保険会社が支払う保険金はふえると同時に，保険料を負担する保険加入者は減少することになる。死亡率を考えると，31歳男性の場合，1年間に69人が亡くなると予想される。保険会社が支払う保険金の総額は，6億9000万円だ。これを（10万－68）人で負担すると考えると，1人あたりの保険料が前年より高くなることは予想がつくだろう。10年保障の生命保険なので，同様のことを10年間分考慮し，毎年一定額となる保険料を決める必要がある。

STEP 3

死亡率をもとに計算していくと，10年間で保険会社が支払う保険金の総額は81億1000万円になる。一方で，10年間の保険加入者は延べ99万6708人である。よって，加入者1人あたりの保険料を計算すると約8137円となり，1年保障の場合にくらべて，1000円以上高くなるのだ[2]。しかしそれでも，40歳になってから1年保障の生命保険に加入するよりも保険料はずっと安くなるのである。

1年保障の生命保険のつくり方

68人

9万9932人　31歳

10万人　30歳

STEP 1

10年保障の生命保険の場合，保険料の決め方はもっと複雑になる。図でわかりやすく説明していこう。「10年間の保険契約期間内に死亡したら1000万円が支払われる」という生命保険で考えてみる。この生命保険の加入者も10万人とし，2年目以降の加入者はいないものとする。死亡率[1]を考えると，30歳男性の場合，1年間に68人が亡くなると予想される。保険会社が支払う保険金の総額は，6億8000万円だ。58ページと同じ1年保障の場合，1人あたりの保険料は6800円となる。

68人 × 1000万円
＝ 6億8000万円 ＝ 100000人 × ? 円

加入者1人あたりが支払う保険料

? ＝ 6800 円

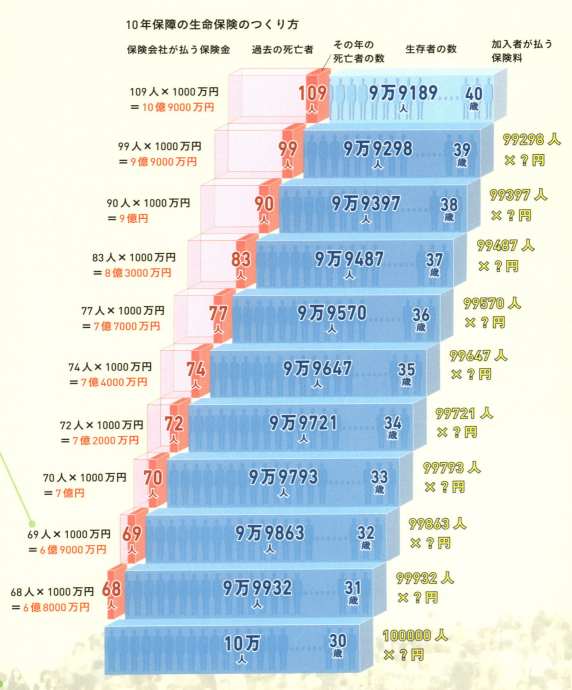

3 図を見ればよくわかる！ 統計のきほん
相関関係をグラフにすれば，大まかな傾向が読み取れる

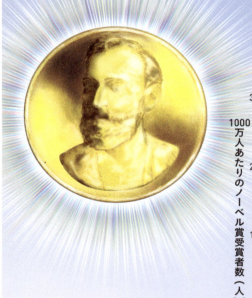

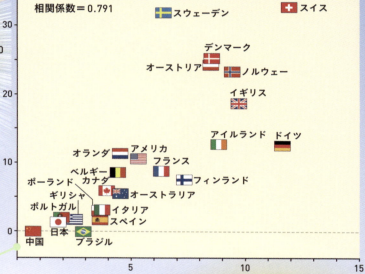

STEP 1

この図は，アメリカ・コロンビア大学の研究者が2012年に分析した，国別のチョコレートの消費量を横軸に，ノーベル賞受賞者数を縦軸にして，その関係をあらわしたものだ。このように，縦軸と横軸にそれぞれ別のデータを対応させ，点を打ってつくった図を「散布図」または「相関グラフ」とよぶ。ただ無造作に点が打たれているだけに見えるかもしれないが，よくみると点全体に右肩上がりの傾向がみえるのではないだろうか。

出典：Messerli FH. Chocolate consumption, cognitive function, and Nobel laureates. N Engl J Med. 2012; 367: 1562-1564.

3 図を見ればよくわかる！統計のきほん

STEP 2

二つの量に着目した際，一方がふえるにつれてもう一方もふえるとき，二つの量の間に「正の相関がある」という（グラフ①）。その逆に，一方がふえるにつれてもう一方が減るときは，「負の相関がある」という（グラフ②）。どちらの傾向もはっきりとみられなければ「相関がない」という（グラフ③）。くわしい求め方は省略するが，各データの偏差から，「相関係数」という値を求めることができる。相関係数は1から－1までの値をとり，1に近いほど正の相関が強く，－1に近いほど負の相関が強いといえる。0に近いときは相関がないといえる。

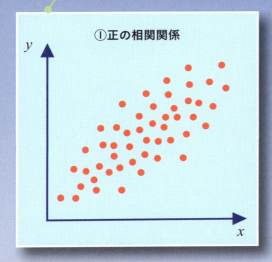

①正の相関関係

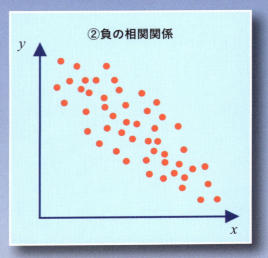

②負の相関関係

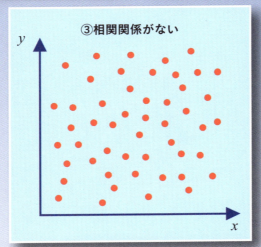

③相関関係がない

STEP 3

このグラフの相関係数は0.791なので，両者には正の相関があるといえる。ただし，この結果から「チョコレートに含まれる成分が脳のはたらきを高めているかもしれない」と考えるのは早計だ。「相関関係」と「因果関係」は別物なのである。因果関係とは二つのものごとが「原因」と「結果」の関係にあることを意味している。この場合，「豊かな国ほどチョコレートなどの嗜好品を食べる余裕があり，また教育水準も高い」という可能性もあるのだ。

3 図を見ればよくわかる！ 統計のきほん
意外とだまされやすい！「疑似相関」の落とし穴

STEP 1

二つの事象の間に因果関係がないにもかかわらず，相関関係が認められ，因果関係があるかのようにみえてしまうことを「疑似相関」とよぶ。たとえば，統計から，「ビールの販売額がふえると，水難事故の件数もふえる」という相関関係がみられたとする。ここから「ビールの販売をひかえれば，水難事故は減るはずだ」と考えたくなるはずだ。

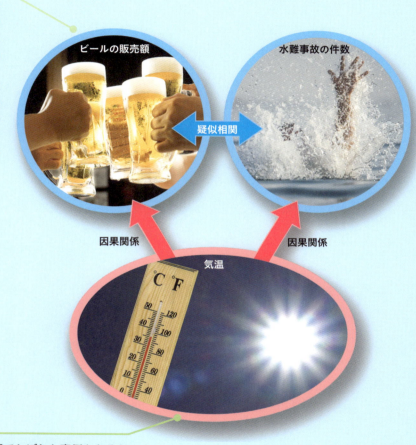

STEP 2

確かに，なかには飲酒が原因でおぼれた事例もあるかもしれないが，それはレアケースだろう。ほとんどの水難事故はビールの販売とは因果関係がないはずだ。この場合，「気温」という別の原因が，「ビールの販売額」と「水難事故の件数」の両方に影響をあたえていると推測できる。気温が上がれば，ビールもよく売れ，海や川などで遊ぶ人がふえて水難事故もふえる，というわけだ。二つの事象に相関関係をもたせる原因となった「第三の事象」がないかを考えることが，疑似相関を見抜くコツである。

3 図を見ればよくわかる！統計のきほん

STEP 3

疑似相関の例は意外と身近にあふれている。ここにいくつか疑似相関の例を挙げてみた。それぞれ二つの事象に相関関係があること自体は事実だが、いずれも直接の因果関係があるものではく、誤解をまねくおそれがある。それっぽいニセの相関にだまされないよう、第三の事象が何か、推理してみよう。

A：理系の人々には人さし指が薬指より短い人が多く、文系の人々には同じくらいという人が多い。
B：靴のサイズが大きい子供は、文章の読解能力が高い。
C：図書館が多い街ほど、違法薬物の使用による検挙数が多い。

A〜Cの第三の事象は以下の通り。
A：性別。男性は薬指が人さし指より長い傾向があり、女性は同じくらいの人が多い。また、男性は女性よりも理系学問を選ぶ傾向がある。
B：年齢。子供は成長するにしたがい、靴のサイズが大きくなり、文章の読解能力も上がる傾向がある。
C：人口。犯罪の検挙数はヒロが多い地域ほど多く、図書館などの公共施設もヒロが多い地域につくられる。

3 図を見ればよくわかる！ 統計のきほん
相関分析はデータのしぼり方に要注意

STEP 1

このグラフは，ある大学の入学試験の成績と入学後の学科試験の成績のデータを散布図にしたものだ。見たとおりデータはばらついており，両者に正の相関はみられない。入試で成績がよかった学生は，入学後も優秀な成績をおさめると予想できそうなものだ。これは，入試を基準に学生をしぼりこんでも意味がない，ということだろうか？

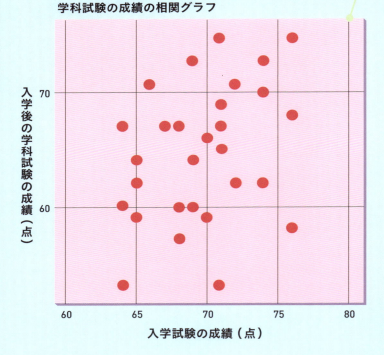

新入生の入学試験の点数と，学科試験の成績の相関グラフ

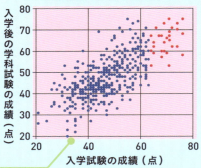

全受験生の入学試験の点数と，学科試験の成績の相関グラフ

STEP 2

入試に意味があるかをみるには，受験に落ちた人も含めて判断する必要がある。この例では，受験者全体でも優秀なグループである合格者だけを対象としたため，相関がみえなくなったのだ。不合格者を含む受験者全体を対象にしていたら，このグラフのように，入試の成績がよかった学生ほど学科試験の成績がよいという「正の相関」がみられたはずである。このように，データをしぼりすぎることで相関が弱くなる現象を「選抜効果」とよぶ。

STEP 3

このグラフは，イギリスの統計学者ロナルド・フィッシャーによる，アヤメの花のがくの長さと幅を比較した散布図である。データはばらついているものの，相関係数を計算すると「－0.2」であった。「がくが長いほど，幅がせまくなる」という，弱い負の相関関係があるようにみえる。しかし，実際は，事実とはまったく逆の傾向を示しているのである。

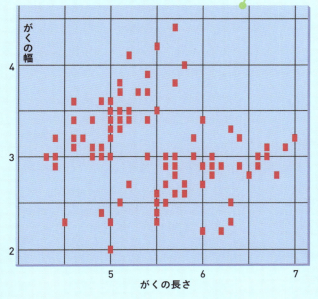

アヤメのがくの長さと幅の相関グラフ

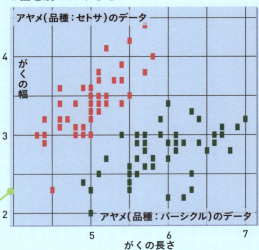

2種を別々にみると……

STEP 4

実はこのデータには，よく似た二つの品種のアヤメのデータが混在していたのである。このように，それぞれを色分けしてみると，どちらも正の相関があることがわかる。本当は「がくが長いほど，幅も広い傾向がある」のに，二つをまとめてしまったことで，負の相関があるという逆の結論をみちびいてしまったのだ。相関グラフをえがく際には，データをしぼりこみすぎたり，広く取りすぎたりしないよう注意する必要がある。

3 図を見ればよくわかる！統計のきほん

3 図を見ればよくわかる！　統計のきほん
Q&A

Q **統計と確率のちがいはどこにあるのか？**

A 統計と確率は，高校の数学などでセットで学ぶこともあり，混同してしまいがちだ。統計と確率は，いったい何がちがうのだろうか。

統計とは，現実の世界で実際におきた出来事や，現実の世界に暮らす人々の行動や特徴などを調査して数値化・データ化し，そこから何がうかがえるのかを数学的に分析するものだ。国が行う各種の調査や，新聞などが行う世論調査，テレビの視聴率，アンケートの結果などが統計の例だ。

一方で確率とは，まだおきていない未来の出来事について，それぞれの出来事がおきる確からしさを数学的に計算して予測するものである。サイコロやルーレットの目などが典型だが，降水確率のように，統計にもとづいて確率を計算する場合もある。

統計と確率の知識を身につけることで，データをもとにものごとを分析し，未来において大切な決断をするときの判断材料にすることができる。また，誤った結論や意図的な情報錯誤にまどわされず，自分で情報の確かさを考えることができるようになるのだ。

Q **投資のリスクを標準偏差ではかることができる？**

A 株券とは，商品券や小切手のような有価証券の一種で，企業が投資家から資金を得るために発行するものだ。株券を買った投資家は，企業の利益の一部を「配当」として得たり，株券の値段が上がったときに売却したりすることで利益を得る。ただし，買った株の値段が下がってしまい，その時点で株を売却すると，かえって損失が生じてしまう。そのため投資家は，どの株に投資するかを慎重に検討する。その際に必ず登場するのが，平均と標準偏差である。

株券は，1枚あたりの値段が企業ごとにちがう。そのため，同じ「20円の値上がり」でも，1株100円なのか，1株1000円なのかで，利益は大きくことなる。よって投資家は，いろいろな株を比較する際，単なる「株価の変化」ではなく，「株価の変化率」に注目する。株価に対して，どれくらいの割合で株価が上がるかをみるのである。なお実際に投資する株を検討する際には，たとえば過去5年間の株価の変化をもとにした，「平均変化率」が使われることがある。

変化率を使えば，株を比較しやすくなる。ただし，変化率だけに注目するのは危険である。次の例をみてみよう。
① 株の変化率がともに年5％とされているA株，B株がある
② A株の変化率の標準偏差は2％，B株の変化率の標準偏差は10％である

①だけを考えると，同じ金額分を購入した場合，どちらの株も1年後に売却した際に期待できる利益は同じということになる。

②の「変化率の標準偏差」とは，「実際の変化率の値が，平均変化率のまわりのどれくらいの範囲にばらついているか」をあらわす。この場合，A株の株価は「平均変化率である5％を中心に，上下に2％の範囲で変動すること

が多い」ということを意味する。つまり，A株は3〜7％の範囲で変動することが多く，まれにこの範囲をこえて，1％や9％の変化率になることがあることを意味する。

　同じように考えると，B株の株価は−5〜15％の範囲で変動することが多く，まれにこの範囲をこえて，−15％や25％の変化率になることがあることを意味する。A株とB株は，平均変化率が同じという意味でみこめる利益は同じであるが，B株はよくも悪くも株価が大きく変動する可能性がある「ハイリスクな株」なのである。このように標準偏差は，株のリスクをはかる重要な指標になっているのだ。

Q／ 保険会社はなぜ損をしないのだろうか？

A／

　保険はある意味で，ギャンブルともいえる。保険会社からすれば，保険金の支払いが少なくてすめば，それだけ経営が楽になるからだ。一方，加入者側からすれば，保険料を支払ったものの，無事に何事もなく，保険金の支払いを受ける機会がなかったら，支払った保険料は結果的に無駄だったということになる。

　いくら過去のデータにもとづいて保険料が設定されているといっても，個々の加入者に対して保険金を支払う状況が発生するかどうかは，確率的な現象だ。場合によっては，たくさんの加入者に保険金を支払わなくてはならないことがあるかもしれない。しかし，保険会社からすれば，加入者の数が十分に多い場合は，大数の法則（10ページ）によって，当初の設定どおりの確率で保険金を支払うことになるのである。これが，保険会社の経営が安定している理由だ。

　また，がん保険にはがん家系の人が多く加入しがちで，加入者のがんの罹患率は平均的な日本人より高くなる。

高いリスクをもつ人が，自分にとって有利な保険に加入しようとする傾向があるのだ（逆選抜）。これを「選択バイアス」とよぶ。この傾向が強まれば，保険金支払いをまかなうため，保険料が高くなることが考えられる。

　地震保険では，地震の発生リスクを評価して，リスクが高いと評価された地域では保険料が高くなる。また，木造住宅や築年数が古い建物の保険料も高くなる。このように，保険の内容に合ったリスクを評価しながら，最終的な保険料が決まるのである。

Q／ 気温が30℃をこえると，アイスクリームが売れなくなる？

A／

　近年，気温と食べ物の相関関係について，さまざまな分析がされている。たとえば，気温が25℃をこえるとアイスクリームがよく売れる，といったものだ。暑くなると売れるのは当然と思うかもしれないが，この分析にはつづきがある。30℃をこえるとアイスクリームが売れなくなるというのだ。それはなぜだろうか。

　実は，30℃をこえると，アイスクリームよりもかき氷のほうがよく売れるのだという。アイスクリームには乳脂肪分が含まれ，暑くなりすぎると食後に口の中にねっとりとした不快感が残り，敬遠されるようだ。また，猛暑になると，人は冷たいだけでなく水分の多いものを求める傾向にある。そのため気温が30℃をこえると，ほぼ水分でできていて，よりさっぱりとしたかき氷が売れるのだと考えられている[※]。

※出典：常盤勝美『だからアイスは25℃を超えるとよく売れる』，商業界，2018

69

4 グラフや図を活用して，統計データに強くなろう

品質をささえる「標本調査」のしくみ

STEP 1

ある工場でつくられている缶詰の在庫を調査して，品質基準を満たしていない不合格の缶詰の割合を把握したい。いったいどのような方法があるだろうか。この割合を，いっさいの誤差なく調べる唯一の方法がある。それは在庫の缶詰をすべて開けて調べる，というものだ。これを「全数調査」とよぶ。しかし，現実でそれをしてしまったら，売るための商品がなくなってしまう。どうすればよいだろうか。

標本

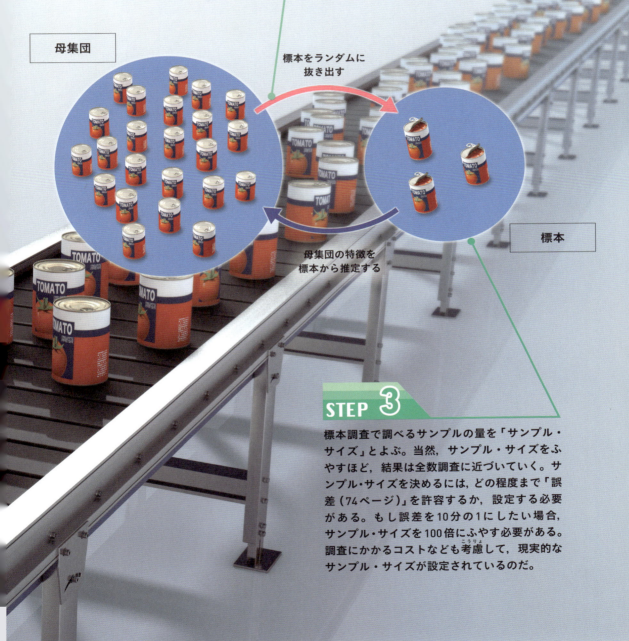

STEP 2

この場合，全体から一部の缶詰を抜き出して調査をし，その結果から全体の不合格率の割合を推測するという方法が一般的である。これを「標本調査」とよぶ。一部を調査した結果と，全体を調査した結果を同じとみるのに違和感があるかもしれない。これは，「大きな鍋でつくったスープの味見を，スプーン1杯で行う」と考えると納得しやすいだろう。スープがよく混ざっていれば，スプーン1杯の味と鍋全体の味は変わらないはずだ。

母集団

標本をランダムに抜き出す

母集団の特徴を標本から推定する

標本

STEP 3

標本調査で調べるサンプルの量を「サンプル・サイズ」とよぶ。当然，サンプル・サイズをふやすほど，結果は全数調査に近づいていく。サンプル・サイズを決めるには，どの程度まで「誤差（74ページ）」を許容するか，設定する必要がある。もし誤差を10分の1にしたい場合，サンプル・サイズを100倍にふやす必要がある。調査にかかるコストなども考慮して，現実的なサンプル・サイズが設定されているのだ。

4 グラフや図を活用して，統計データに強くなろう

4 グラフや図を活用して，統計データに強くなろう
世論調査は回答者の"ランダム性"が重要になる

100,000,000人
＊全有権者数

全有権者に番号を振る

00000000　　　　　　　34728810　34728811　　　　　　99999998　99999999

8けたの数をつくる

3 4 7 2 8 8 1 0 → 34728810

5 7 7 2 6 2 3 1 → 57726231

9 9 3 2 8 1 1 6 → 99328116

STEP 2

サンプルは男女比や年齢比など，全国民とあらゆる要素の割合を同じにする必要がある。よく混ざっていない状態でスープの味見をしても意味がない，ということだ。そのため，「どの人も同じ確率で選ばれうる方法で抽出」する必要がある（ランダムサンプリング）。たとえば，全国民に番号を振り，「0」から「9」の10面サイコロで8けたの数をつくる（回答者を選ぶ）方法なら，回答者に選ばれる確率は全員同じになる。これを1000回くりかえせばよい。

4 グラフや図を活用して，統計データに強くなろう

STEP 1

ニュースなどでよく耳にする「世論調査」。たとえば、「現在の政権はどれくらいの人に支持されているのか」といったものがある。国民の意見を調べるものではあるが、1億人をこえる有権者に全数調査をするのは現実的ではない。そのため、サンプルとなる集団を選び出し、その意見を聞くことで、全国民の意見を推測しているのである。標本調査はこのような場合にも有効な手段となる。世論調査の場合、サンプル・サイズは1000人ほどだ。

選ばれた電話番号が
つながる建物

選ばれた局番が
該当する地域

電話をかける
調査員

1,000人
の回答者

STEP 3

現実的には、民間企業などが有権者の連絡先を自由に得ることはできない。そこで新聞社などの世論調査では、電話番号をランダムに選ぶ方法で回答者を決めている（RDD法）。電話番号のはじめの6けたは局番といい、地域ごとに割り振られている。そこでまず、有効な局番を1万個ランダムに選ぶ。電話番号の下4けたは「0000」から「9999」の1万通りなので、選んだ局番と組み合わせて1万通りの電話番号ができる。この中で実際に使われている番号は約1600件ほどとされている。こうしてランダムに選ばれた1000人を抽出しているのである。

4 グラフや図を活用して，統計データに強くなろう

誤差を知れば，データの信頼度がみえてくる

＊全有権者数
100,000,000人

1,000人
の回答者

STEP 1

あるニュースで，「先月の世論調査では31％だった内閣支持率が，今月は29％へと下落し，3割を切った」と報じられたとする。ほんとうに国民全体の内閣支持率が低下しているとみてよいだろうか。理想的な方法で調査対象を選んだとしても，標本にはかたよりが生じる。無作為に1000人を選んで調査をして290人が「支持する」と答えたとしても，もう一度1000人を選んで調査をしたら330人が「支持する」と答えるかもしれないのだ。

STEP 2

標本調査には必ず「誤差（標本誤差）」が生じる。31％や29％といった数字をうのみにする前に，誤差を見積もることが重要なのだ。正規分布の性質を利用すると，誤差はこの式から求めることができる。p は調査結果の値，n は有効回答数である。数式中の 1.96 は信頼度 95 ％の場合の数値で，信頼度に応じて変わるが，統計では信頼度 95 ％を用いることが多い。この式に $p = 0.29$（今月の支持率），$n = 1000$（調査人数）をあてはめてみると，今月の調査の誤差は ±2.81 ％となる。

標本誤差の計算式

$$\pm 1.96 \times \sqrt{\frac{p(1-p)}{n}}$$

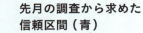
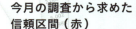

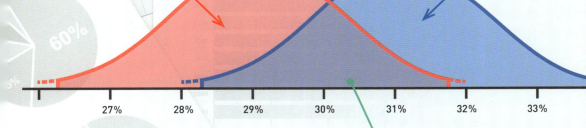

STEP 3

STEP2 の結果は，「今月の内閣支持率は 29 ％ ± 2.81 ％（26.19 ％〜 31.81 ％）の範囲にある」ことが，95 ％の確率で信頼できることを意味している。こうして推定された範囲「26.19 ％〜 31.81 ％」を，「信頼区間」とよぶ。先月の結果の信頼区間も同様に考えると，「29 ％」と「31 ％」はどちらも信頼区間の中にあり，その差は誤差の範囲とみなせるのだ。したがって，この世論調査にみられる 1 か月の内閣支持率の変化は，「ほぼ横ばい」と解釈するのが無難なのである。

4 グラフや図を活用して，統計データに強くなろう

4 グラフや図を活用して，統計データに強くなろう

図で見ればよくわかる，開票速報のしくみ

STEP 1

国政選挙などが行われると，開票と同時に各地の投票結果がリアルタイムで報じられる。それをみて，なぜ開票途中で当確（当選確実）が出るのか不思議に思ったことはないだろうか。標本誤差をもとに図であらわすと，その理由がよくわかる。投票者数20万の選挙で，候補者A，Bが争ったとする。開票率5％（開票数1万）の時点で，Aが5050票（得票率50.5％），Bが4950票（同49.5％）を獲得した。これを，開票された票数をn，その時点の得票率をpとして，75ページの式にあてはめてみよう。すると，最終得票数の予想範囲が重なっていることがわかる。つまり，Bが逆転する可能性は十分にあるので，当確が出せないのである。

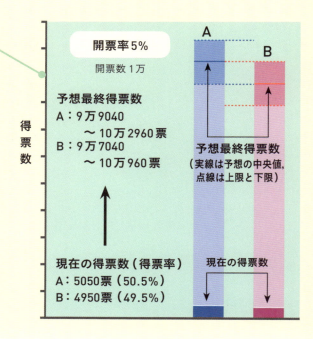

開票率5％
開票数1万

予想最終得票数
A：9万9040
　～10万2960票
B：9万7040
　～10万960票

得票数

現在の得票数（得票率）
A：5050票（50.5％）
B：4950票（49.5％）

予想最終得票数
（実線は予想の中央値，点線は上限と下限）

現在の得票数

4 グラフや図を活用して，統計データに強くなろう

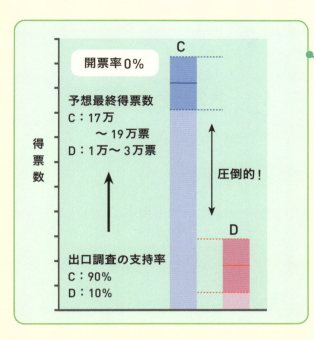

STEP 3

まれに開票率0％で当確を報じる場合がある。これは，事前の世論調査や投票日当日の出口調査などによって，"圧倒的"な勝利がみこめるため，報道機関の判断によって，開票の途中経過をみることなく当確が発表されているものだ。ただし，開票率0％で行われる当確の判断は，統計的にあまり妥当とはいえないことが多いとされている。

STEP 2

同じようにして「開票率50％でAが5万300票，Bが4万9700票」を図にあらわすと，両者の誤差の範囲はせまくなったものの，まだBが逆転する可能性が残っていることがわかる。しかし，「開票率80％でAが8万800票，Bが7万9200票」となったとき，AとBの最終得票数の範囲は重ならなくなる。こうなるとBの逆転の可能性はほとんどないと推定できるので，Aに「当確」が出せるのだ。

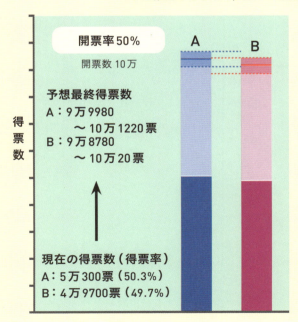

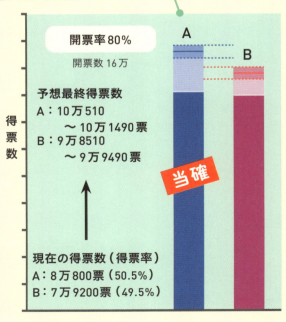

4 グラフや図を活用して，統計データに強くなろう

未成年の飲酒率を正直に答えさせるしかけ

STEP 1

未成年飲酒をしたことがある人がどれくらいいるかを調査したいとする。しかし，実際に経験がある回答者はその事実を知られたくないため，うそをついてごまかそうとするだろう。それでは正しいデータを得ることができなくなってしまう。質問者はだれが未成年飲酒をしたのかが知りたいのではなく，経験者の割合を知りたいだけだ。この場合に有効な手段となるのが，「回答のランダム化」である。

STEP 2

まず回答者たちに，質問者には見えないようコイン投げをしてもらう。コインの表が出た人には，質問の内容に関係なく，必ず「はい」と答えてもらう。コインの裏が出た人には，未成年飲酒をしたことがあるかどうか，「はい」か「いいえ」のどちらかで正直に答えてもらう。こうすれば，コインが表だったから「はい」と答えたのか，それとも未成年飲酒をしたことがあるから「はい」と答えたのか，質問者には区別がつかない。回答者のプライバシーが守られるため，質問に正直に答えやすくなるのだ。

「コイン投げをして，コインが表だった人は『はい』と言ってください。また，コインが裏だった人のうち，未成年飲酒したことがある人も『はい』と言ってください」と聞くと……

4　グラフや図を活用して，統計データに強くなろう

STEP 3

この調査の結果，300人の回答者のうち，200人が「はい」と答えたとしよう。コイン投げで表が出る確率は $\frac{1}{2}$ である。つまり，300人のうち150人は，コインが表だったために「はい」と答えたと推定できる。そして，残りの150人は質問に正直に答えたとみなせることになる。150人中50人が「はい」と答えたと考えると，未成年飲酒を経験した割合は33％ということになるのである。

4 グラフや図を活用して，統計データに強くなろう

寄付金アップを実現した統計的な戦略とは

STEP 1

2008年のアメリカ大統領選挙戦で，バラク・オバマ候補の陣営は自身のウェブサイトにあるしかけをほどこした。ウェブサイト上には，メールアドレスの登録に誘導するボタンがあり，登録者には後日，寄付金やボランティアへの協力がよびかけられる。どんなにウェブサイトを訪れた閲覧者が多くても，メールアドレスの登録者がふえないと，寄付金やボランティアの増加にはつながらない。どれだけ多くの閲覧者に登録をしてもらえるかがポイントになるのだ。

ウェブサイトのサーバー

STEP 3

この実験の結果，デザインや文言のちがいによって，人々の行動がおどろくほど変化することがわかった。たとえば，Aのデザインにくらべて，Bのデザインのほうがメールアドレスの登録者数が40％も高かったのである。この結果，寄付金が約6000万ドル，ボランティアが28万人増加したと推定されている。このような方法は「ランダム化比較試験」あるいは「A/Bテスト」とよばれており，効果的な広告や満足度の高いサービスを探る場合などさまざまな場面で使われている。

Aのデザインのウェブサイト
旗に囲まれた候補者の写真と,「SIGN UP（登録する）」と書かれたボタンの組み合わせ

STEP 2

そこで,オバマ陣営はまず,ウェブサイトの画像・動画を6パターン,メールアドレスの登録ボタンを4パターン用意し,これらを組み合わせて24パターンのウェブサイトのデザインを作成した。そして,ウェブサイトを訪れた閲覧者に,ランダムにデザインを表示したのだ。この実験を一定期間行い,どのデザインにすれば,閲覧者がメールアドレスを登録する割合が高くなるかを調べたのである。

→ **40% UP**

Bのデザインのウェブサイト
家族と共にいる候補者の写真と,「LEARN MORE（もっとくわしく知る）」と書かれたボタンの組み合わせ

4 グラフや図を活用して,統計データに強くなろう

注：イラストのウェブサイトの画像は,実際にウェブサイトで使われたものとはことなる。

81

4 グラフや図を活用して，統計データに強くなろう

データが少なくても真偽を判断できる「t検定」

STEP 1

次のような架空の調査結果があるとしよう。「ウォーキングを日課にする人のBMI※の平均値は24.1だった。これはウォーキングを日課にしていない人の平均値26.1にくらべて2ポイントも低い。これほど平均値に差があるのだから，ウォーキングはBMIを下げる効果があるといえる」。この主張は，ほんとうに正しいだろうか。

集団① ウォーキングが日課
BMIの平均値：24.1
分散：15.71
人数：22人

18.5 未満 ／ 18.5以上 25.0未満 ／ 25.0以上 30.0未満 ／ 30.0以上

4 グラフや図を活用して，統計データに強くなろう

t 検定

$$t = \frac{\text{集団①の平均値} - \text{集団②の平均値}}{\sqrt{\left(\dfrac{1}{\text{集団①の人数}} + \dfrac{1}{\text{集団②の人数}}\right) \times \text{合併分散}}}$$

合併分散の求め方

$$\text{合併分散} = \frac{(\text{集団①の人数}-1) \times \text{集団①の分散} + (\text{集団②の人数}-1) \times \text{集団②の分散}}{\text{集団①の人数} + \text{集団②の人数} - 2}$$

集団② ウォーキングを日課にしていない
BMIの平均値：26.1
分散：18.94
人数：24人

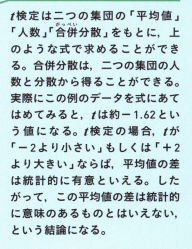

STEP 3

t 検定は二つの集団の「平均値」「人数」「合併分散」をもとに，上のような式で求めることができる。合併分散は，二つの集団の人数と分散から得ることができる。実際にこの例のデータを式にあてはめてみると，tは約－1.62という値になる。t検定の場合，tが「－2より小さい」もしくは「＋2より大きい」ならば，平均値の差は統計的に有意といえる。したがって，この平均値の差は統計的に意味のあるものとはいえない，という結論になる。

STEP 2

データの数が50より少ない場合，データの分布は正規分布とみなしにくくなる。調査結果の精度を上げる（誤差を減らす）ためには，十分なサンプル・サイズが必要なのだ。しかし，実際はこのような小集団をもとにしたデータを比較して，調査報告や宣伝広告が行われる場合も少なくない。そのような場合でも，二つの集団の平均値の差が「統計的に意味のある差」なのか判定する方法がある。それが「t検定」だ。

※：数値が大きいほど肥満度が高いことを示す指標。体重（キログラム）を身長（メートル）の2乗で割ったもの。

4 グラフや図を活用して，統計データに強くなろう

数字をみるだけで不正を見破る「ベンフォードの法則」

STEP 1

食品のラベル，株価，スポーツの成績など，私たちの日常にはあらゆる数が出現する。これらの数の「最上位の値」を調べたとき，最も多く出てくる数字は1～9のどれだろうか？ 1～9の数字が均等にあらわれると思うかもしれないが，実際は「1」が最も多い数字で，約30.1％もの割合を占める。おもしろいことに，2番目以降は順に「2」「3」…とつづき，いちばん割合が少ない数字は「9」となるのだ。これを「ベンフォードの法則」とよぶ。

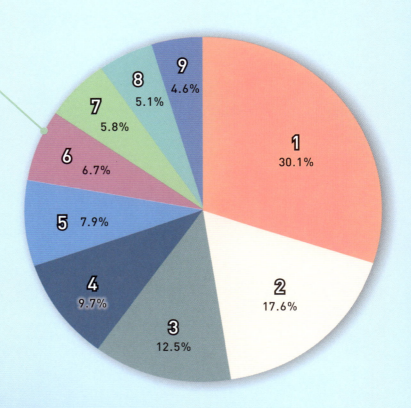

STEP 2

ベンフォードの法則は，サンプル数が十分多ければさまざまな自然現象，社会現象にあてはまる法則である。①は，約200の国について，国土面積（平方キロメートル）を調べた結果だ（編集部調べ）。②は，2019年1月のある日時における，日経平均株価の対象銘柄225社の株価（円）を調べた結果である（編集部調べ）。③は，この法則を発見したフランク・ベンフォード自身が，新聞に登場する100の数値を調べた結果である。6～9の数字の出現頻度にはばらつきがあるものの，1～5の数字の出現頻度はこの法則をよくあらわしているといえる。統計データをチェックする際に，値がベンフォードの法則に沿うかどうかをみることが，不正を推測する指標の一つになるのだ。

4 グラフや図を活用して，統計データに強くなろう

① 国土面積

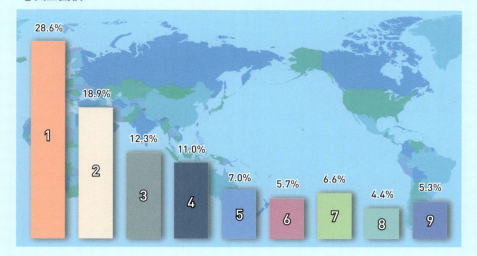

② 株価

③ 新聞に出てくる数字

注：電話番号や宝くじのように桁数が決まっている値についてはあてはまらない。

4 グラフや図を活用して，統計データに強くなろう

データにかくされた情報をほりおこせ！

STEP 2

そこで，まず買われた商品を，①のように2次元の表にまとめてみよう。これで，からあげのようにひんぱんに買われるものと，新聞のようにあまり買われないものの差がわかりやすくなった。次に，①から3人以上が買っている4品目にしぼる（②の表）。この情報をもとに，これらの商品が一緒に買われる確率を計算することで，「ほかの商品と一緒に買われやすい商品」がみえてくるのだ。

	スナック	お茶	新聞	おにぎり	パン	ビール	ジュース	からあげ	お弁当
10代女	1						1	1	
20代男						1		1	
60代男		1	1						1
20代女		1			1				
20代男				1		1	1	1	
30代男	1			1		1	1		
10代男	1						1		
合計	3	2	1	2	1	3	4	4	1

① 7人の客が買った商品の一覧表

4　グラフや図を活用して，統計データに強くなろう

STEP 1

コンビニやスーパーで，予定になかったものをつい買ってしまった経験はないだろうか。それは偶然ではないかもしれない。近年，コンピューターとセンサーの普及によって，さまざまなデータを容易に集められるようになった。それによって，私たちの生活のあらゆる場面が統計分析の対象になっているのだ。あるコンビニで買い物をした7人のレシートを例にみてみよう。これをただながめてみても，買い物にどんな傾向があるかはわからない。

STEP 3

この表は，ある商品（表③の左側）を買った客が，ほかの商品（表③の上側）を買った確率を求めたものだ。たとえば，スナックを買った客がからあげも買う確率は $\frac{2}{3}$，つまり67％になる。この表をみると，スナックを買う客はジュースを必ず買うこと，またからあげを買う客はビールを75％の確率で買うことなどが予測できる。これらの商品を隣り合わせに陳列したり，もう片方の商品を勧めることで売り上げアップがみこめるのだ。このような分析をさらに発展させた手法が「データマイニング」である。膨大な顧客データと商品の売り上げデータが，コンピューターによって分析され，販売戦略に活用されているのだ。

	スナック	ビール	ジュース	からあげ
10代女	1		1	1
20代男		1		1
60代男				
20代女				
20代男			1	1
30代男	1	1	1	1
10代男	1		1	
合計	3	3	4	4

②よく買われる商品を抜粋

	スナック	ビール	ジュース	からあげ
スナック	✕	33	100	67
ビール	33	✕	67	100
ジュース	75	50	✕	75
からあげ	50	75	75	✕

③ある商品を買った客が，ほかの商品を買った確率

4 グラフや図を活用して，統計データに強くなろう

「結果」から「原因」にさかのぼる「ベイズの定理」

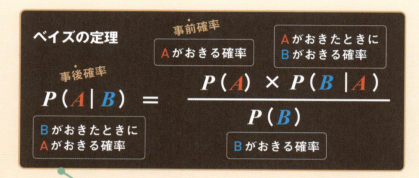

STEP 2

実はこの確率は「ベイズの定理」を用いることで，計算によってみちびき出すことができるのだ。ベイズの定理は，上の式で計算することができる。ベイズの定理は条件つき確率（34ページ）と深く関係している。Bを「ある結果」，Aを「ある結果をもたらした原因」とすると，P（B|A）は「原因Aがおきたときに，結果Bがおきる確率」を意味する。一方，P（A|B）は「結果Bがおきたときに，それが原因Aによっておきる確率」を意味する。つまり，結果から原因にさかのぼって確率を求めることができるのである。

STEP 1

XとYの2種類の壺があるとしよう。壺Xには「赤い玉が16個と青い玉が4個」入っている。壺Yには「赤い玉が4個，青い玉が16個」入っている。しかし，今あなたの目の前にあるのは一つの壺であり，それがXとYどちらの壺なのかは見た目からはわからない。そこで，あなたは中身を見ずに目の前の壺から玉を一つ取り出したところ，それは赤い玉であった。さて，あなたの目の前の壺がXである確率とYである確率はどちらが高いだろうか。

赤玉16個　青玉4個

壺Xの事前確率
$P(壺X)=50\%$

赤玉4個　青玉16個

壺Yの事前確率
$P(壺Y)=50\%$

$P(壺X)=80\%$

STEP 3

玉を取り出す前には情報がないので，目の前の壺がXである確率$P(壺X)$は$\frac{1}{2}$としよう。$P(赤｜壺X)$は，「壺Xが置かれたときに赤い玉を取り出す確率」であり，$\frac{16}{20}$となる。$P(赤)$は「赤い玉を取り出す確率」なので，「壺Xが置かれたときに赤い玉を取り出す確率：$\frac{1}{2}\times\frac{16}{20}$」と「壺Yが置かれたときに赤い玉を取り出す確率：$\frac{1}{2}\times\frac{4}{20}$」を合わせたものになる。これをSTEP2の式にあてはめると，$P(壺X｜赤)$は$\frac{4}{5}$となる。つまり，80％の確率で，目の前の壺はXであると推定されるのだ。

4 グラフや図を活用して，統計データに強くなろう

4 グラフや図を活用して，統計データに強くなろう

ベイズの定理を使って，確率を更新(こうしん)していくことができる！

STEP 1

88ページの問題で，1回目に取り出した赤い玉をもどし，再度一つ取り出したところ，赤い玉だったとしよう。さらにその玉ももどし，もう一つ取り出したところやはり赤い玉であった。さて，あなたの目の前の壺(つぼ)がXである確率とYである確率はどちらが高いだろうか。赤い玉がつづけて出てくるので，赤い玉が多く入っている壺Xである可能性が高まったと直感的に予想できるだろう。これもベイズの定理を用いることで，計算によってみちびくことができる。

STEP 2

1回目の結果で得られたP（壺X）＝80％という事後確率は，2回目に玉を引くときの事前確率P（壺X）にあてはめることができる。これを使って計算すると，2回目のP（壺X｜赤）は$\frac{16}{17}$となり，目の前の壺はXである確率が約94％になる。さらにこの確率を，3回目に玉を引くときの事前確率P（壺X）にあてはめる。すると，3回目のP（壺X｜赤）は$\frac{64}{65}$となり，目の前の壺はXである確率が約98％となる。つまり，ほぼ確実に目の前の壺が壺Xであることがわかるのだ。

赤玉16個　青玉4個　　　　　　　　赤玉4個　青玉16個

壺Xの事前確率　　　　　　　　　　壺Yの事前確率
$P(壺X)=50\%$　　　　　　　　　　$P(壺Y)=50\%$

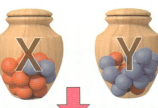

1回目

赤い玉を引いたときの事後確率 $P(壺X|赤)$ は次のようになる。

$P(壺X|赤) = \dfrac{4}{5}$

事後確率 $P(壺Y|赤)$ は次のようになる。

$P(壺Y|赤) = 1 - P(壺X|赤) = \dfrac{1}{5}$

更新された壺Xの事前確率　$P(壺X)=80\%$　　更新された壺Yの事前確率　$P(壺Y)=20\%$

2回目

赤い玉を引いたときの事後確率 $P(壺X|赤)$ は次のようになる。

$P(壺X|赤) = \dfrac{P(壺X) \times P(赤|壺X)}{P(赤)} = \dfrac{\frac{4}{5} \times \frac{16}{20}}{\frac{4}{5} \times \frac{16}{20} + \frac{1}{5} \times \frac{4}{20}} = \dfrac{16}{17}$

事後確率 $P(壺Y|赤)$ は次のようになる。

$P(壺Y|赤) = 1 - P(壺X|赤) = \dfrac{1}{17}$

更新された壺Xの事前確率　$P(壺X)=94\%$　　更新された壺Yの事前確率　$P(壺Y)=6\%$

3回目

赤い玉を引いたときの事後確率 $P(壺X|赤)$ は次のようになる。

$P(壺X|赤) = \dfrac{P(壺X) \times P(赤|壺X)}{P(赤)} = \dfrac{\frac{16}{17} \times \frac{16}{20}}{\frac{16}{17} \times \frac{16}{20} + \frac{1}{17} \times \frac{4}{20}} = \dfrac{64}{65}$

事後確率 $P(壺Y|赤)$ は次のようになる。

$P(壺Y|赤) = 1 - P(壺X|赤) = \dfrac{1}{65}$

更新された壺Xの事前確率　$P(壺X)=98\%$　　更新された壺Yの事前確率　$P(壺Y)=2\%$

STEP 3

ここで重要なことは，ベイズの定理を使った計算を何度もくりかえしていくと，確率が更新されていくことにある。新しい結果（事後確率）が得られたとき，その情報を次の確率計算のための情報（事前確率）として利用し，確率の値をどんどん更新していくことができるのだ。新たにあたえられた条件や情報にもとづき更新することを「ベイズ更新」とよぶ。いちばん最初に設定した事前確率の精度が高くなくても，ベイズ更新により確率の精度が高まることが，ベイズ統計の真骨頂なのである。

4 グラフや図を活用して，統計データに強くなろう

4 グラフや図を活用して，統計データに強くなろう

Q&A

Q なぜ世論調査はインターネットで実施されないのか？

A 世論調査にはさまざまな方法があり，それぞれに長所と短所がある。「訪問面接法」とは，調査員が家に訪問し，直接回答を聞き取る方法だ。以前は「住民基本台帳」からランダムに標本を選びだす方法がとられていたが，住民基本台帳が原則非公開となった2006年以降は，調査対象地域の地図上の点をランダムに選ぶ方法などで行われている。調査員に面と向かって回答するため，正直に回答されにくい場合があるが，有効回答率は相対的に高い。

RDD法は，電話で回答を聞き取る方法だ。コストが安く，時間もかからないが，有効回答率が相対的に低くなる。また，近年固定電話をもたない世帯が若い世代を中心にふえたことで，標本が高年齢層にかたよりがちという問題があった。そこで2016年以降，大手メディア各社は固定電話と携帯電話を併用する方法を導入している。標本に選ばれる若い世代がふえる一方，回答者が男性にややかたよるなどの新たな問題も指摘されている。

郵便法は，調査票を郵送し，記入後に送り返してもらう方法である。コストは安いが，時間がかかる。回答者がみずから調査票に記入するため，他者の意見などに影響を受けやすく，有効回答率も相対的に低くなる。ほかにも，調査員が訪問して調査票を対象者にあずけ，後日回収する「訪問留置法」などがある。

近年，さまざまなSNSが普及しており，電話やメールを連絡手段として使用する場面が少ないという人もいるだろう。SNSのサービスやインターネットを利用したほうが，簡単に多くの意見が集まりそうな気がするかもしれない。しかし，この場合問題になるのが，標本のかたよりである。いずれも調査にみずから進んで協力する人が標本となるため，特定の好み，思考，年齢層などにかたよる可能性が高くなる。かたよった意見が1万件集まっても，全体の意見は推測できないのである。大手メディア各社でもインターネットを利用した世論調査の検討は進められているが，有効な回答が得られるだけのランダム性の確保は大きな課題となっている。

Q ランダム化比較試験は不公平なのか？

A 80ページに出てきた，ランダム化比較試験は，教育やマーケティングなどさまざまな分野で活用が広がっている。一般化すると，実験対象者をランダムに二つのグループに分け，一方に試験的介入を行い，その結果を比較して介入の効果を検証するという実験手法のことだ。

ランダム化比較試験は，貧困政策の検証にもよく利用されている。ある発展途上の国では，子供が貴重な労働力になっているため，就学率が低いという問題があった。そこで「子供に健診を受けさせ，学校に通わせることを条件にお金を給付する」という政策が検討された。ただし，これには莫大な費用がかかるため，効果がなかったときに国の財政を圧迫することを懸念する

意見もあった。そこで，まず貧しい村を選び，それをランダムに分け，給付を受ける村と受けない村に差が出るかを比較した。すると，政策が実施された村では子供の健康状態が改善し，就学率が上がるなどの効果がみられた。この結果をもとに，全国規模で政策を実施することが決定されたのである。

しかし，一部の村だけに貧困政策を実施したり，一部の患者だけに新薬を投与したりするのは，比較対照とされた村や患者の立場で考えると，不公平なのではないか，という意見もある。確かに，実験によって効果があることがわかった場合，いち早くその恩恵を受けていた人は，ほかの人よりも得をしたことになるだろう。

しかし，実験を行う意義は，効果がなかったり，かえって悪い影響や副作用が生じたりする場合を見分けることにある。新政策や新薬の実験対象となった村や患者はそのリスクを負っているともいえるのである。そして，ランダム化比較試験の結果，効果のない政策をみつけて税金のむだを防ぎ，効果があるとわかった政策に資金を集中できるようになれば，その恩恵は全員が受けることになるのだ。

迷惑メールを見なくてすむのは，ベイズ統計のおかげ？

ベイズの定理のもとに発展した「ベイズ統計」は，物理学や心理学，経済学など幅広い分野で活用されている。AIによる機械学習（コンピューターの学習アルゴリズムの一つ）にもベイズ統計が使われている。AIは大量のデータを「学習」することで，判定や分類の精度が上がり（最適化されて），"賢く"なるのが特徴である。データが追加されることで原因の確率がより正確になっていくベイズ統計は，AIに応用しやすい統計学の手法だといえるのだ。AIによる画像認識や自動診断を可能にする医療AIなどの開発において，ベイズ統計は重要な基礎となっている。もはや私たちの生活はベイズ統計なくしては成り立たないといっても過言ではないのだ。

ベイズ統計の活用例としていちばん身近なものが，迷惑メールのフィルター機能だ。届いたメールの中に特定の単語や情報が含まれているとき（＝結果），そのメールが迷惑メールである（＝原因）確率をベイズ統計を使って計算することで，迷惑メールか否かの判定を行っているのだ。メールの件名や本文中に「出会い」や「無料」，「請求」といった文字が含まれていた場合，迷惑メールである確率が高いといえる。過去に届いた迷惑メールに含まれる単語を分析すれば，さまざまな単語について迷惑メールにおける出現確率を求めることができる。たとえば，「迷惑メールであるとき，『出会い』という単語が含まれる確率は◎％」などだ。

これをベイズの定理にあてはめると，「『出会い』という単語が含まれているとき，迷惑メールである確率」を求めることができる。複数の単語を使ってこの計算をすることで，「メールにAとBとCと……，という単語が含まれているとき，それが迷惑メールである確率は△％」といった条件つき確率が求められる。こうして求められた確率が一定の基準を上まわれば，迷惑メールと判定されるのだ。

近年では通常メールと見分けがつきにくい，巧妙な迷惑メールもふえている。しかし，フィルターをすり抜けてしまった迷惑メールを，人間が「迷惑メール」と判定すると，プログラムがその情報を利用し，「どの情報に注目してベイズ更新を行えば，迷惑メールの事後確率が高まるのか」を新たに学習する。これによって迷惑メールの判定精度が高まっていくのだ。迷惑メールの報告を面倒だと思うかもしれないが，意味のある行為なのである。

「統計と確率」について，もっとくわしく知りたい！！
そんなあなたにおすすめの一冊がこちら

Newton別冊 ニュートンムック

まるごとわかる
統計と確率
データの読み取り方を知り，真実を見抜く力を身につける

A4 変型判／オールカラー／176 ページ　定価1,980円（税込）

好評発売中

　ギャンブルが生みの親ともいえる確率，そしてそれを基礎として発展した統計は，データ社会といわれる現代においても，すべての人の必修科目です。「この食べ物と健康の因果関係はほんとうにあるのだろうか？」「この平均値は，実態をあらわしているのだろうか？」「この割引キャンペーンは，ほんとうに得なのだろうか？」……。日常のさまざまな場面で正し

さを見きわめ，合理的な判断をするために，統計や確率の考え方が役に立ちます。

　本書では，AI（人工知能）をはじめ急速に応用範囲が広がる「ベイズ統計」，現実の問題を数学的に表現しデータ分析がしづらい状況でも力を発揮する「数理モデル」についても，解説しています。役立つ知識が満載です。ぜひ，ご一読ください。

Contents

イントロダクション

1. 確率 基本から応用まで
積の法則と和の法則／余事象の確率／出会いの確率／期待値／標本空間と事象／排反事象と加法定理　など

2. ランダムと乱数の奇妙な世界
乱数とは／ランダムを見誤る「クラスター錯覚」／円周率と乱数性／疑似乱数とは／社会で役立つ乱数　など

3. 統計 基本から応用まで
平均値／正規分布／検定／相関係数／ベンフォードの法則／正規分布からのずれ／仮説検定　など

4. 原因を探るベイズ統計
陽性判定／モンティ・ホール問題／ベイズの定理／犯人当て／ベイズ統計の応用

5. 数理モデルで未来を予測
数理モデルとは／仕事と睡眠不足／生態系の数理モデル／群れのモデル／複雑ネットワーク　など

巻末資料

確率と統計を理解してデータを正しく読み取ろう

乱数は現代社会に欠かせないAIやゲーム開発、情報セキュリティ、

情報の追加で確率がどんどん更新される人間の思考に近いベイズ統計

別冊の詳しい内容はこちらから！
ご購入はお近くの書店・Webサイト等にてお求めください。

公式SNSでも情報発信中！
フェイスブック　www.facebook.com/NewtonScience
X（ツイッター）　@Newton_Science
インスタグラム　@newton_science

Staff

Editorial Management	中村真哉
Cover Design	秋廣翔子
Design Format	村岡志津加（Studio Zucca）
Editorial Staff	上月隆志

Photograph

6-7	C. Schüßler/stock.adobe.com
64	【ビール】mapo/stock.adobe.com，【水難事故】Dudarev Mikhail/stock.adobe.com，【気温】oasisamuel/stock.adobe.com
65	【手】prapann/stock.adobe.com，【靴】yamasan/stock.adobe.com，【図書館】あんみつ姫/stock.adobe.com
74-75	yoshitaka/stock.adobe.com
76	tinyakov/Shutterstock.com
85	Sittipong Phokawattana/Shutterstock.com，Tatiana Gorlova/Shutterstock.com

Illustration

表紙	Newton Press
4-5	Newton Press，荻野瑤海
7～25	Newton Press
27	Newton Press
29～43	Newton Press
45～51	Newton Press
52-53	NADARAKA Inc.
54～63	Newton Press
66-67	Newton Press
70～91	Newton Press

本書は主に，ニュートン別冊『まるごとわかる　統計と確率』の一部記事を抜粋し，大幅に加筆・再編集したものです。

監修者略歴：
今野紀雄／こんの・のりお
立命館大学理工学部客員教授，横浜国立大学名誉教授。博士（理学）。1957年，東京都生まれ。東京大学理学部数学科卒業。専門は確率論。主な研究テーマは無限粒子系，量子ウォーク，複雑ネットワーク。著書に『図解雑学 確率』，『図解雑学確率モデル』，『マンガでわかる統計入門』などがある。

図だけでわかる！統計と確率

2024年12月10日発行

発行人	松田洋太郎
編集人	中村真哉
発行所	株式会社 ニュートンプレス
	〒112-0012東京都文京区大塚3-11-6
	https://www.newtonpress.co.jp
	電話 03-5940-2451

© Newton Press 2024　Printed in Japan
ISBN978-4-315-52870-1